農業政策

国際公共政策叢書 10

豊田 隆

日本経済評論社

はしがき

本書の目的は、世紀転換期におけるグローバル化の中で、世界と日本の農業政策の変容と日本農業再生のプログラムを解明することにある。食料安全保障を含めた農業の多面的機能のもつ公共性を評価し、世界の多様な農業の共存を見据え、食料・農業・農村を再生する政策課題をいかに展望するのか。二一世紀における資源循環型社会と持続可能な農業の発展にとって、何が必要なのか。グローバルな視座から、米国・欧州連合・ケアンズ諸国・南米とアジアの開発途上国等を中心に、農業政策の国際比較をおこないたい。

農業政策は、農業問題への国家による対応・緩和政策である。自然の恩恵を受ける生命産業である農業は市場経済に必ずしもなじまない。また同時に食料の供給機能に加え、国土・環境を保全する経済外部性と公共性を有している。歴史的にみると、農業政策の領域は拡大してきた。まず最初に、政府が市場へ関与する農産物の価格・貿易・関税政策が成立する。農業は、再生可能なエネルギー代謝産業である。生命リズムにかなう農業システムが適合性をもち、土地の豊かさと広がりが決定的に重要である。土地生産の「規模の経済」が作用し、土地所有は所得分配を左右する。そこで、政府が関与する土地・構造政策が成立する。この展開過程において、市場の役割と政府の役割が融合する。食生活は地域文化と不可分な歴史性と多様性をもち、食材と料理、地域農業、フードシステムの有機性は、人々の生命と健康を支える原点である。さらに、政府が関与する食料供給・安全政策が成立する。農業は、国土・環境・景観保全などの環境外部性、公共財を提供する多面的機能をもつ。最後に、政府が関与する農業環境・農村政策が成立する。以上の四領域をもつ農業政策には、市場と政府に加え、市民社会の関与と支援が不可欠である。この三者の相互依存により農業政策が決定され、かつその実効性を賦与される。

世紀転換期、農業政策への最大のインパクトはグローバル化である。グローバル化の推進力は、貿易と投資の担い手である多国籍アグリビジネスである。多国籍企業、市場、国家の三者が織りなす相互作用は、国際的な農政改革の方向を決定する。改革のベースは、国境を越えたフードシステムの形成であり、国際地域開発である。グローバル化は、二つの側面をもつ。世界を緊密に結びつける「相互依存」の肯定的な影響が一方にある。市場の拡大と直接投資、国際技術移転は、新たな農業を立ち上げ、雇用機会を創出し、所得水準を向上させる。しかし新たな「格差拡大」という否定的な影響が他方にある。途上国における貧困と飢餓、食料自給率の低落を伴い、生態系や地球環境への負荷となり、内発的な発展を阻害する。農業政策は、正の影響を活性化し、負の影響を調整する「グローバル化と農業再生」の管理過程であるということもできる。

グローバル化における農業再生の柱は、「アジアとの共生」と「市民社会の諸活力」であろう。二一世紀の国際社会における日本の役割は、東アジアを中心とした諸国との共生を模索しその牽引車となる方向に求められる。伝統的な食文化のローカル性を再構築し、人間と自然とが共生する持続可能性、距離が拡大した食と農の再連携、それを支える市民社会の諸活力の発揮が不可欠である。すなわち「食」と「農」における公共性の復権である。この二つの視点から、グローバル化の負の影響を、農業の持続可能な内発的発展によって克服していく方向に注目していきたい。

本書の構成は、戦後農政の展開をふまえながら、とくに一九八〇年代後半以降に進展したグローバル化の影響に注目する。第1章は、序論であり、農業政策への招待である。第Ⅰ部では、世界の農業政策の国際調整機関を解明する。一九九三年のガット・ウルグアイ・ラウンド（UR）農業合意をシステム化した世界貿易機関（WTO）は、新たな国際農業政策の枠組みを形成した。これは農業政策をめぐる国家と多国籍アグリビジネスの新しい相互関係を意味する。第2章は、農業政策をめぐる国際関係を解明する。第3章は、多国籍アグリビジネスと農業政策の相互関係を示す。

第Ⅱ部のテーマは、先進国の農業政策の対立をめぐる関係である。食料輸出大国である米国の農業政策、食料自給圏となった欧州連合（EU）の農業政策、そして食料輸入大国化した日本の農業政策等、多様な類型、多様な農業哲学をもつ農業政策が対立する。そして、その相互間における国際調整が新しい課題となる。第4章は米国の農業政策を、第5章はEUの共通農業政策を、第6章は、豪州等のケアンズ諸国の農業政策を、それぞれ考察したい。

第Ⅲ部では、WTO等の農業国際交渉のなかで比重を高めている開発途上国における農業政策を解明したい。とくに米国と関係の深い南米諸国の農業政策、および日本と関係の深いアジア地域の農業政策を検討し、アジアとの共生の可能性をさぐりたい。第7章は中南米の農業政策、第8章はアジアの農業政策である。

第Ⅳ部は、以上のグローバルな比較の視座をふまえて、日本の農業政策の展開を、農産物価格・貿易政策、土地・構造政策、農業環境政策について検討する。ここでは政府・市場・市民社会（農村共同体）の三者の役割に注目し、市民社会の立場から総括する。第9章は日本農業の価格・貿易政策、第10章は日本農業の土地・構造政策に言及する。第11章では農業環境政策の将来を展望して、欧州の環境税導入と農業への影響、バイオマス開発をとりあげる。

最後に、こうしたグローバル化へ対処する基本法としての食料・農業・農村基本法の特徴をみながら、日本農業の再生プログラムに関する政策課題を指摘したい。第12章は、食料・農業・農村再生プログラムである。

なお本書では、食糧と食料について、主食の穀物を示すときには、新食糧法（第9章）のように食糧（grain）を、また食べもの全体を示すときには、食料・農業・農村基本法（第12章）のように食料（food）を、それぞれ法律名にしたがって区別して用いる。また安全保障（security）と価格保証（gurantee）についても、一般用語法に従い、区別している。

農業政策／目次

目　次

目　次

第1章　食と農を結ぶグローバル農業政策

1　日本人の食生活と農業

世紀転換期の最大のインパクトは、国際経済のグローバル化である。日本農業は、グローバル化のなかで食料食材・家畜飼料等の輸入を激増させ、自給率は低落し、牛海綿状脳症（ＢＳＥ）問題など食品安全性の脅威と直面するようになった。だが、急峻な山々を抱えるわが国では、農業は林業と一体となって国土保全機能を担ってきたことも忘れてはならない。農業の多面的機能、いわゆる外部経済性である。欧州農業経済学会（二〇〇二年）は、このマルチファンクショナル農業を重要な論点とした。

世界貿易機関（ＷＴＯ）の新しい農業交渉、新ドーハ・ラウンド（二〇〇一年開始）において、日本政府は、欧州連合やスイス・韓国等の食料輸入国としての利害を共有するフレンズ諸国とともに、食料の安全保障と農業の多面的機能を発揮するためには、国内農業生産を維持する必要があり、農産物の関税削減は慎重に進め、農業の国内助成措置は必要だと主張する。米国や豪州等ケアンズ諸国の食料輸出大国とは異なるスタンスである。各国農業が共存する新しい国際枠組みが現在必要とされている。低い食料自給率は、国内で生産される農産物とは異なる食料を消費する食生活、つまり食と農の距離の拡大も要因の一つである。農場から食卓にいたるまでのフードシステムが変貌したためである。消費者と生産者を結ぶ食料・農業・農村政策の究明が求められている。

日本は、決して農業資源小国ではない。国内には五〇〇万haの耕地がある。これはサッカー・フィールドの五〇〇万倍の広さに等しい。耕地の最大限の可能性を引き出せば、国民一人当たり食料二〇〇〇カロリーを生産することが可能である、との試算がある。しかし、これに対して、実際に供給される国民一人当たり食料は、一二〇〇カロリーにすぎない。食料・食材の多くは、海外から輸入される。

戦後の高度経済成長期から始まった食生活の変化は、輸入農産物の増加によってもたらされた。「日本型食生活」は、蛋白質・脂質・炭水化物の三要素の熱量比を、適正に保っていた。一九九〇年代以降、脂質が過多となる。小麦原料のパン食が普及し、トウモロコシ等の輸入畜産飼料に依存する肉食が拡大し、大豆・菜種等が原料となる植物油脂食品の摂取が増加した。こうした日本人の食事の変化は、食料供給政策が米国の農産物輸出戦略と結合した結果である。日本の伝統食では一日一kg（六合）の米を食べれば三要素を充足できた。食習慣は、各国の歴史と自然に根ざした農業を基礎とする。急激な食生活の変化は、国内農業の潜在的生産能力を削ぎ、農業の生産主体を喪失した。

2 農業の特性

再生可能なエネルギー代謝産業

農業は生命産業である。再生可能なエネルギー代謝産業であり、土地生産を基礎とする環境保全型産業である。化石燃料を消費する工業と異なり、「カーボン・ニュートラル」な地球環境を保全する能力をもつ。農業は私たちの生命を直接支え、維持する。農業は、動物や植物など人間に役立つものを利用し、有用物をつくる。農産物の多くは食料品として使用され、人々の日常的な必需品である。

農業は、再生可能な資源を利用する産業である。石油は消費され、二酸化炭素を大気中に放出し再生されない。農業の基礎は植物の光合成である。光合成は、地球に降り注ぐ太陽エネルギーを利用して、根から水と養分を吸収し、葉から二酸化炭素（CO_2）などの無機物を摂取し、葉緑体で炭素化合物の糖を生成するプロセスである。生成された糖は、酸素と結合する呼吸作用により蛋白質を合成する。糖から澱粉が形成されて、子実に貯蔵される。これが米や麦といった食料作物であり、草食性動物の食料である。草食動物は、肉食性動物の食料となる。

光合成を基礎とし、太陽エネルギーの代謝が織りなす食物連鎖は、生物世界を形づくる。農業は、再生可能なエネルギー代謝産業であり、再生可能性をもたない工業とは、根本的に異なる。しかし二〇世紀農業は、化学肥料・農薬・機械・石油など再生不可能な資源へ依存しすぎて、環境負荷を強めた。二一世紀には、生物多様性、エネルギー代謝・物質循環、廃棄物資源化、バイオマス開発、人間・自然共生技術を基礎に、持続可能な農業への転換が期待されている。

農業は、土地と土壌が主要な生産の手段として関与する。土壌は、植物の根に水や養分を供給する生産装置である。土地の豊かさ、土壌のよしあしが農業生産を決定する。土壌のよしあしは、母岩の化学性や有機物の含有量、土壌の物理的特性、団粒構造に左右される。土壌の排水能力を高める暗渠排水や土壌改良は、人間の手が加わった農地、つまり耕地をつくる。農業者は土壌の生産機能を高めるため細心の注意を払う。農業は土地を生産手段とする土地生産産業である。土地は、工業と異なり決定的に重要である。

こうした理由から、農業は、市場経済になじみにくい。光合成の効率はさほど高くない。日本の全平地へ降り注ぐ太陽エネルギーは石油の二五倍のポテンシャルをもつ。しかし光合成で固定できるのは、その一％にすぎない。太陽エネルギーを有効に利用するには、植物体を地表に広く分布させる必要がある。広い土地面積が必要なのである。しかし、国土の地勢により、土地の性質は一様ではない。生産するうえで適地もあり、不適地もある。商品生産技術の画一化、生産条件の均一化を進める市場経済とはおよそなじみにくい。外発的に市場経済にまきこまれると、諸問題をひきおこす。こうして農業政策の関与を必要とする諸領域が形成される。農産物の価格・貿易政策、土地・構造政策、食料・供給政策や農業環境・地域政策といった諸領域である。こうして農業政策は、諸問題への国家の側からの対応政策、緩和政策として登場してきた。

季節性と家族農業

農業労働システムは、季節性、および家族の労働という適性をもつ。生命をあつかう適時性、柔軟性である。また、自己管理性と価格低下への耐久性をもつ。農業は、生命現象のサイクルを利用する。植物は、芽を出し成長し、花を咲かせて実を結ぶ。動物は、母の胎内ではぐくまれ出生し、次世代をつくり死滅する。人間が勝手に変えることのできないサイクルである。人間は、ただその手助けをするにすぎない。その進行によりそって必要な労働をする。定められた時がある。播種の時があり、収穫の時がある。農業労働は「時」による労働である。農繁期や農閑期があり、一年を通して同じ仕事ではない。農業機械は収穫などある特定の作業のために導入されるが、年間の稼働率が低く、償却費用が負担となる。

産業革命は、「分業にもとづく協業」により準備され、工業制手工業の段階を経て、画一化した労働を機械が代替して、機械制工業が成立した。農業生産は季節や生命のリズムに決定され、工程の細分化が難しい。「分業にもとづく協業」が困難である。生命のリズムは、春夏秋冬の「時」の継続により決定され、資本の回転期間は長く、回転率も低い。農業は、市場経済になじまず、経済効率が低い。

工業では、特定のものをつくるのに、生産工程を分割し、各人の仕事に特化する。専門化した部分工程を統合して製品を生産するのである。働き手の技能は熟練し、労働用具は特殊化し、生産効率を高める。アダム・スミスは、『国富論』の分業論において、工業では分業にもとづく協業が社会の生産力を飛躍的に発展させた、とした。

農業は、作物ごとに異なる労働を、時間の経過をみながらおこなう。広い土地を使い、野外の自然のなかで生産する。雨や風・気温の影響、病虫害の発生、成育の乱れに適時適切に対応する。農業の働き手は、定時の賃金労働、部分分担の労働、被指揮労働になじみにくい。自分の働きが、結果に結びつく家族労働が、むしろなじみやすいのである。

農業は、家族労働によって営まれる伝統的な生産様式である。歴史的に農民は、資本家と賃労働者へ分解する以前の中間階級、独立自営業者である。農産物価格の低下への耐久性、強靭性をもつ。資本主義の企業経営は、生産価格（C＋V＋P）のもとで費用を回収し、利潤（P）を確保することを再生産の要件とする。家族経営は、費用価格（C＋V）のもとで物的費用（C）を回収し、家族労賃（V）の確保を生存の要件とする。利潤が少なくても、生計費が確保されれば存続可能となる。家族農業が強靭な理由である。

農業は、家族経営が圧倒的多数を占める。英国では二〇世紀になると家族経営の比重を増加させ、米国でも雇用管理型のファミリー・コーポレーションが効率的だと見直されはじめている。日本の農地改革は自ら耕作する者の土地所有を創出し、「所有は、砂土を黄金と化す」の如く、痩せた土地も熱心な管理によって豊かな稔りをもたらした。集団農場制をめざした中国・ベトナム、旧ソ連・東欧でも、市場経済へ移行しつつ、家族農業や個の要素を復活させた。これにより、個人の自発性を尊重し、生産力を伸ばしている。家族農業には、生物としての人の権利能力を認められる自然人から、家族所有の法人、組織的法人等、多様な法的存在がある。いずれにおいても家族農業の優位性が共通して認められる。

3　農業の外部経済性——環境保全と公共的役割

農業は、国民食料の供給という基本的機能のみならず、国土環境保全（治山治水、水源涵養）、景観保全、大気浄化、食料安全保障、地域社会維持などの多面的機能をもっている。こうしたマルチファンクショナルな機能は、市場の「外」の外部経済性を意味する。つまり公共財の供給をおこなっているのである。農業は環境保全型産業である。作物が収穫され、農地の養分を奪っても、人が水・養分・土などの素材を補塡し、地域生態的にも再生産するのである。化学肥料・農薬も「過ぎたるは及ばざるが如し」である。その過度利用をあらため、生物多様性を活かし、エネルギー代謝・物質循環を活用した持続可能な農業、環境保全型農業への転換が求められる。

農業は、公益的機能を同時に発揮する。農業は、水源涵養機能、洪水や山崩れ、土壌の浸食・流出の防止機能を有し、目にみえない国土の保全機能をもつ。緑豊かで美しい自然環境、景観を維持・培養する。農業と農村は、都市住民の憩い、レクリエーションの場や青少年の教育の場を提供するなど、多くの公益的かつ多面的機能を果たしている。これらは市場で評価されない外部経済効果である。外部経済性は、市場を通さずに他の経済主体に望ましい影響を与える。農業のもつ多面的機能による公益的な外部経済効果は、平成一三年度食料・農業・農村白書によれば、八兆二二六億円と試算される。

4　農業政策の成立と展開

農業政策は、農産物の過剰によって発生したといえる。一八八〇年代の交通革命は、農産物の世界市場を成立させた。新大陸からの安い農産物が仏・独・伊の小農国へ流入し、価格暴落がおこった。農業近代化が進んだ英・蘭・デンマークの先進国に対抗して、農業後進国は、関税政策により自国農業を保護した。世界史上はじめて、農産物貿易関税にもとづくグローバル農業政策が登場したのである。

第一次大戦後になると、米国農業は、トラクターの導入と化学肥料の投入、育種技術の発達によって穀物生産力を発展させ、穀物輸出を増加させた。その影響で一九二〇年代には農産物過剰が生じ、一九三〇年代になると過剰対策と価格政策がとられた。一九三二年英国小麦法、一九三三年米国農業調整法、一九三三年日本米穀統制法、一九三六年仏国小麦関係者局設立、等である。米国は生産調整に参加した農家にのみ価格支持融資制度を適用して、最低価格保障をおこなった。

第二次大戦後、福祉国家化と所得均衡の政策理念のもとで、農工間の所得不均衡を解決するため、農業の生産費を補塡する所得支持政策が打ちだされた。欧州共同体（ＥＣ）における指標価格・境界価格・介入価格、一九六〇年の日本の生産費・所得補償方式、一九七三年の米国の目標価格・融資単価の差額不足払い制度等である。

農業政策は、一九世紀末の農業関税政策として成立し、一九三〇年代の価格支持制度から一九六〇～七〇年代になると所得支持政策へと展開した。一九八〇～九〇年代には、世界経済のグローバル化と新自由主義経済政策のもとで、自由化・規制緩和の「農政改革」が顕著となる。

5　戦後日本の農業政策

戦後日本の農業政策の大きな流れをみておきたい。第二次世界大戦からの復興をめざし、戦後の農地改革は、寄生地主制による地主の土地所有と小作人労働関係を変革し、自ら耕作する者の土地所有、いわゆる自作農体制を確立した。一九五二年農地法は、自ら耕作する者が農地の法的権利を取得できる、という農地改革の成果を永久化した。基本理念は、「農地耕作者主義」である。農地を社会的な土地利用規制におき、農地の宅地等への転用も統制する地主制復活阻止の政策である（第10章参照）。一九四二年食糧管理法は、その根幹として、①米穀の全量政府管理、②米穀の流通ルートの特定（農家―農協系統組織―国―卸売業者―小売業者―消費者の流通経路の一本化）、③消費者米価と生産者米価の二重価格制、④米穀の国家管理貿易、という四つの原則をもった。主食である米の自給とその公平分配を担保するものである（第9章参照）。「農地と米の国家統制」は、戦後日本の農業政策の出発点となる。この骨格は、農協法、土地改良法、農業改良助長法、農業共済制度など周辺の諸政策によって補完された。

一九五〇年代後半、高度経済成長と急速な工業生産性上昇のもとで、農業と工業の所得格差が発生し、農村には不満が生まれた。一九六一年農業基本法は、農業者の低所得は、零細な経営規模に起因しており、「零細農耕」の農業構造に問題があると認識した。そして、構造政策による農業近代化をめざした。経済成長にともなう農村労働力の都市吸引が、農業構造を変える推進力となると考えた。主食の穀物の食糧増産型の政策から、経済効率追求型の農政への転換である。しかし現実は、農業基本法の想定どおりには進まなかった。農家の通勤兼業化が進み、兼業所得が増大した。農地の宅地転用価格に引き寄せられて、地価が高騰した。高い地価のため、規模拡大は進まなかった。構造政策は挫折してしまった。

農産物価格政策は、米価「生産費・所得補償方式」を採用した。一九六〇～六八年、米価は年平均八％で上昇し、農工間の格差是正に貢献した。全国一律の価格政策、しかも平均土地豊度より条件の悪い土地の生産費用を基準とした価格政策は、地域格差を緩和した。農業から工業への産業部門間の資源移動は、労働力、土地、水など諸資源を移動させた。市場経済による資源分配メカニズムは、経済全体の資本蓄積を促進した。

基本法農政の生産政策は、需要が拡大する畜産・果実・野菜等の生産を振興する「選択的拡大」をおこなった。同時期に進行した農産物自由化のもとで、ミカンや牛乳の国内過剰が顕著となった。また食料自給率は急速に下落した。一九六〇年代末、米の過剰が社会問題となる一方、米の消費量は、一九六七年をピークに以降は減少を続けた。

一九七〇年代の総合農政は、農協管理の自主流通米、米の生産調整政策の導入、米価上昇から抑制への転換という特性をもった。米偏重からの脱却、基本法農政の手直し、国際収支黒字基調のもとでの農産物輸入の拡大を特徴とする農政の新段階である。「総合」という意味は、工業製品輸出国の貿易政策との総合、転作作物による多角化との総合、規模拡大・賃貸借・作業受委託・生産組織化の構造政策との総合、農村生活基盤整備と社会的統合との総合、という四つの意味をもった。

一九七〇年代、高度成長は終焉し、世界的な食料危機が顕著になった。七〇年代後半、米価は抑制される。財政資金の「ばらまき型農政」から、地域の結集力を農政へ組み込む「地域主義手法」が登場した。農政の危機管理手法への転換である。一九七八年水田利用再編対策は、集団的・団地的転作を推進し、地域ぐるみの圧力を利用した。土地利用権を用いた規模拡大は、農業集落と農協の全戸が参加する地縁集団を利用した。価格政策から補助金政策へと転換し、地域と農家とを選別して誘導する手法がとられた。

6　現代のグローバル農業政策

先進国における農政転換

一九八〇年代から、先進国の農政転換が進む。農産物所得支持の保護政策から、市場メカニズムに委ねる規制緩和政策へと転換したのである。その背景には、一九八〇年代における世界的な農産物過剰がある。この時代、欧州共同体（ＥＣ）と米国は、輸出補助金をめぐって穀物戦争を展開した。いわゆるシリアル・ジレンマといわれる深刻な国際関係である。かかる懸案の解決をめざし、一九八六年に開始された貿易と関税をめぐる一般協定、いわゆるガット（ＧＡＴＴ）のウルグアイ・ラウンド（ＵＲ）の農業交渉は、米欧妥協を経て、一九九三年に妥結した。その合意を受け、一九九五年に世界貿易機関（ＷＴＯ）が発足した。この新しい国際機関は立法権・司法権を有し、市場指向型の農業貿易体制の確立を目的とし、各国の農業政策の国際規律となった（第2章参照）。

ＵＲ農業合意は以下の骨格をもつ。第一に、すべての非関税障壁の関税化、関税ゼロ化の土俵をつくる。第二に、市場歪曲的で、生産刺激的な国内支持政策、価格支持政策を削減する。第三に、価格にリンクさせない直接支払い政策、いわゆるデカップリング（decoupling）政策を推進する財政負担型農政である。これにより先進各国の農業政策は、食料供給政策と農業環境政策へとシフトしていく。農民層は社会的にマイナーな存在となり、先進国型の農業政策は、国民の多数派を占める食料の消費者へと軸足を移していった。また地球環境問題に貢献する農業政策へ転換した（第11章参照）。

直接支払い政策は、過剰対策としての性格をもつ。つまり、農業生産を刺激しない、輸出国は過剰を促進しない、輸入国は自給率を高めない、という枠組みである。環境保全コストは、価格へ上乗せされるのではなく、農業者へ直接支払われる。農産物輸出国の場合、環境保全コストへの財政支出は、一種の「環境ダンピング」、つまり実質的な輸出補助金となる。価格政策における生産費基準のような明確な根拠を失い、恩恵的な給付で、効率的な農業者を選別する政策の特性をもつ。また、市場の激しく大きな価格変動には無力であり、最低価格の保証機能をもたない。したがって、農業政策のすべての機能を、農業環境政策と直接支払いでおこなうことはできない。

食料・農業・農村基本法の成立

日本の農業政策は、世紀転換期のグローバル化の渦中にある。グローバル化の転機となった一九八六年に公表された前川レポートは、農産物の内外価格差の縮小をさかんに強調した。ＵＲの農業交渉の結果、一九九三年に米の部分自由化が決定し、ミニマム・アクセス米（ＭＡ米）輸入が開始された。同年の「平成米騒動」では、二六〇万トンの米が輸入された。一九九四年の食糧法の改正は米価の暴落を生み、稲作経営安定対策（平均価格と暴落価格との差額の八割支払い）が誕生した。

一九九九年には食料・農業・農村基本法が成立した。その基本理念は、食料安全保障と農業の多面的機能の発揮におかれる。ＷＴＯ農業交渉において各国農業の共存が主張され、政策の軸足は消費者へ移った。日本政府は食料安全保障の一環として、食料自給率の向上をめざす。ＷＴＯ農業協定では、生産刺激政策はなくしていく方針のため、食料輸入国は協定見直しを主張している。現在、食料価格は市場メカニズムに依存しており、価格変動には経営安定対策で対処している。麦・加工原料乳・大豆は、差額の一定割合を政府・生産者拠出の基金から補填する。さらに価格の大変動に耐える最低価格保証が課題である。最低価格保証と収入保険のミックスは、二一世紀農政の課題である。また構造政策は、規模拡大・低コスト化・担い手の育成が当面の大問題である。株式会社の農地取得や農業参入をめぐって、農業以外の目的の参入をいかに防ぐか、その対策が求められる。そして米価引き下げにより、採算割れした条件不利地域の中山間地域をどうするか。わが国でも、国土環境保全の観点から直接支払いが開始された。しかし財源の半分は地方自治体が負担する。日本農政は、果たして価格政策から直接支払い政策へ転換し、先進国農政と同一軌道を歩むのか（第12章参照）。

日本農業は、食料自給率がきわめて低く、急峻な国土の保全機能が重視される。日本政府は、食料安全保障と農業の多面的機能を発揮するため、食料自給率を回復し、国内生産を維持し、一定の農産物関税や国内助成は必要とする立場をとる。農産物輸出国と対立する論点である。各国の農業が共存するための国際枠組みが必要とされている。本書では、グローバルな視座から各国の農業政策の理解を深め、市場・政府とともに市民社会に支持された農業、アジアと共生する農業へと再生する道筋を見出したい。

第Ⅰ部　農業政策の国際関係

——貿易・投資・多国籍アグリビジネス

第2章　農業政策をめぐる国際関係
――グローバル化と世界貿易機関

1　農業政策の新しいアプローチ

国際関係は、国際政治、法・制度、経済、社会・文化を含む、総括的な関係である。グローバル化をとらえるのには、三つの視角がある。第一に国際関係は、国民国家の相互の関係であり、国家という硬いビリヤードの玉のぶつかり合いである。いわゆる「大国の衝突」「パワー・ポリティックス」と把握する古典的なビリヤード理論。第二に多国籍企業や非政府組織（ＮＧＯ）など国民国家以外の行為体、ノン・ステート・アクターが形成する脱国家関係に注目する視角。第三に硬いビリヤードの玉の内部に着目し、内なる貧困や飢餓、農業問題など、市場と政府の失敗を踏まえ、市民の役割に注目し、持続可能な内発的発展を解明する視角、の三つである。図２-１は、新しい国際関係の視点から三つのトライアングルを示す。

古代ローマ帝国時代の国際関係はパックス・ロマーニャ、一九世紀のイギリス支配はパックス・

図2-1　国際地域開発のパラダイム
ビリヤードモデルの外的アクターと内的要因

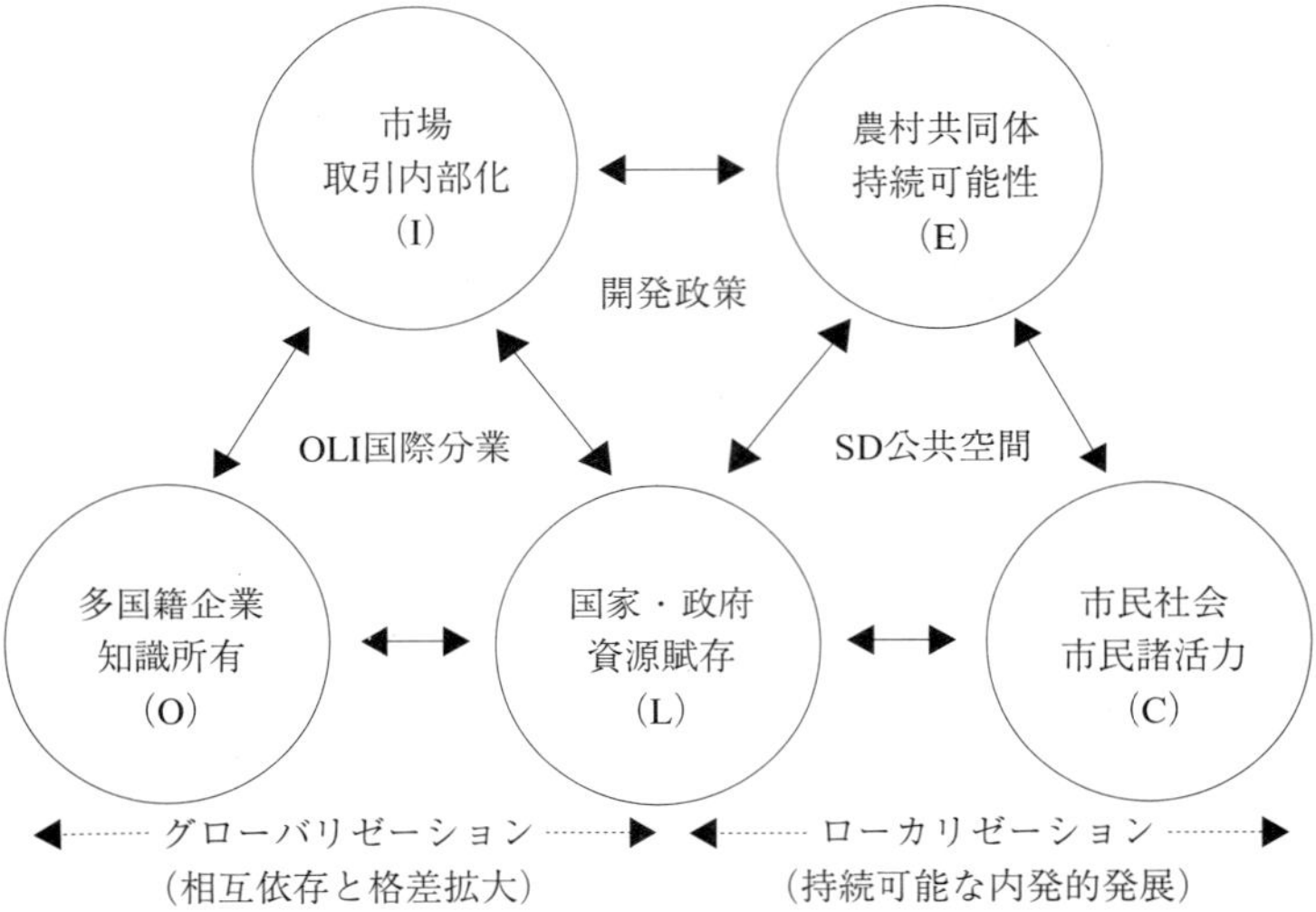

ブリタニカと称された。第二次大戦後、国際通貨基金（ＩＭＦ）・世界銀行・関税及び貿易に関する一般協定（ＧＡＴＴ）を三本柱とするパックス・アメリカーナが成立した。戦後の東西冷戦体制は、一九八九年に起きたベルリンの壁崩壊で終結し、地球規模で市場経済へ組み込まれるグローバル化の時代となった。欧州連合は、民主主義・市場経済・人権の重視を宣言し、一五カ国三・八億人から、二〇〇四年には二五カ国四・六億人へ拡大する。アジアも「東アジアの奇跡」と呼ばれる経済成長をとげ、ひとつの地域を形成しはじめた。多極化の世界である。しかし開発途上国の貧困と飢餓、民族紛争、地球環境、食料安全保障等は、喫緊の国際問題である。

世界の勢力均衡は破綻し、集団安全保障

の制度が発展した。共通の安全保障や人間の安全保障が注目される。平和こそが人々を貧困と飢餓から解放し、経済成長を保障する。国家を形成するネーション、国家以前のナショナリティ、人々の帰属感を示すエスニシティなど、民族とローカル性の尊重が重要な論点となった。とくに持続可能な内発的開発（サスティナブル・デベロップメント：SD）の推進力として、市民諸活力が期待される。

「なぜ一部の国が豊かさを達成した一方で、多くの国がいまだ貧しさの中にあるのか」。この問題は、国際開発の中心課題である。「富める北」と「貧しい南」の南北格差は、「近代世界システム」（ウオーラーステイン）によって生まれた。脱近代の開発は、人々の貧困・失業・飢餓といった未開発の状態からの解放である。農村過剰人口へ就業機会を提供し、貧困層の潜在的能力を高め、土地改革・農村教育・農業技術普及により住民のエンパワーメントをいかに高めるか。そのための政策体系を、グローバル化のなかで実現することが問われている。

2　世紀転換期のグローバル化——現代最大のインパクト

本書では、グローバル化を、国境の壁を越えてモノとカネ、ヒトと情報の流れが増大する地球規模の国際化、「グローバル市場経済化」と捉える。グローバル化は二面的インパクトをもつ。第一に、諸国家における相互依存の関係である。新しい産業・市場・成長軌道の創出、情報・技術・知的資産の国際移転、雇用機会・所得・外貨の拡大など、ポジティブな相互依存型インパクトである。第二に、諸国家における格差の拡大である。南北格差、資本蓄積と技術の地域格差を拡大し、不確実性とリスクを増大する。シャンペングラス型の新しい貧困、食料自給率の低下と飢餓、生態系の復元力を越えた過開発と環境劣化など、ネガティブな格差拡大型インパクトをもたらす。グローバル化は、世界の国家と経済を世界市場へ緊密に組み込み、「ひとつの世界」をつくる相互依存性と、「二つの世界」への階層化をもたらす格差拡大性との、二面性がある。

グローバル化への転換は、世紀転換期に生起した。一九八五年のG5会議のプラザ合意による政策協調、構造調整プログラム（SAP）による途上国の開放体制化、一九八九年のベルリンの壁崩壊による東西冷戦の終焉、一九九五年の世界貿易機関（WTO）の発足等、国際経済調整メカニズムが成立した。こうした激変を、グローバル化と呼ぶ。

グローバル化の推進力は、以下の四つの要因からなる。第一に国際制度・政策の変容と国際機関の役割増大。第二に多国籍企業の登場。貿易と投資は、多国籍企業を生み、「直接投資の時代」を到来させた。第三に新自由主義政策。途上国は、保護削減・外資導入・自由化を進め、開放型の国際分業体制へ組み込まれた。「外資歓迎国家」となったのである。第四に民主主義の地球拡大。開発独裁から民主主義へ、専門家集団・知識レジームの形成、NGOや協同組合の成長、地球市民社会を登場させた。以上のような、国際制度、多国籍企業、新自由主義政策、地球市民社会がグローバル化の推進力である。グローバル化は、「ガバナンスの上方統合と下方拡散」を促す両面のインパクトを与えている。

市民社会の役割

グローバル化は「二つの世界」へ階層化し、格差を拡大した。「国民国家の黄昏」である。現代国家は、国家と市民社会の相克による社会複合体である。市民社会には地域社会、協同組合やNGO、市民個人が含まれる。ローカル化と市民社会の視点も重要な意味をもつようになった。R・コックスは、パックス・アメリカーナの大量生産方式は、ME化と、技術・知識集約型の産業構造の転換によって終焉し、新しいアジアは「もうひとつの世界秩序」を形成した、とする。

グローバル化は、巨大企業を中心とする生産過程の支配と管理である。直接投資は、テクノロジーや知的資産などの知識を移転する。国家は「国内政策の管理者」から、世界経済と国民経済を調和させる「世界経済の調整者」への変化を余儀なくされる。企業と国家は融合し、「周辺から中枢へ」分極化した労働を生む。

グローバル化は、覇権中心国の価値体系、市場経済と民主主義の周辺国への伝播である。途上国は、国際統合過程を適切に管理し、脱覇権主義的な、市民の側に立つ政策を創出し、地域の個性や多様性をいかに発展させるのか。いかに公共性を復権し、公共空間を形成するか。その際、持続可能性とそれを生み出す三つのE（エコロジー・エコノミー・エシックス）が課題となる。市民諸活力は、他者との共生・協働力、持続可能な内発的発展をもたらす、地域内部の発展要因である。

持続可能な開発とは、「将来世代のニーズを充たす能力を損なうことなく、今日の世代のニーズを充たす節度ある発展」（環境と開発に関する世界委員会（ブルトラント委員会）『われら共有の未来』一九八七年）、「人々の生活の質的改善を、その生活支援基盤となっている各生態系の収容能力限度内で生活しつつ達成すること」（UNEP等『地球を大切に』一九九一年）である。つまり、持続可能な内発的発展とは、地域に内在する伝統文化・産業・技術など固有の資源を保全し開発する生態系重視のシステムである。開発を環境の自己再生産能力の範囲内に調整し、自立的かつ定常的な発展の軌道にそうものである。

自立的かつ定常的な地域開発政策は、三つのEを満たす。①エコロジー、生態系を重視し、生物多様性とエネルギー代謝・物質循環性を基礎に、共生の技術を活用した生態開発、②エコノミー、経済的にも自立し、経営的な安定をめざし、農村共同体や協同組織に補完される経済開発、③エシックス、倫理的にも社会に支持され、市民の諸活力が支援する社会開発、という三つのEである。グローバル化の否定的な影響を解決し、調整する開発政策である。「ひとつのアジア」をつくる相互依存、共生の関係こそ、二一世紀の課題である。

3　農産物貿易の拡大が意味するもの

比較生産費論の検証

グローバル化は、農産物貿易を拡大する。一九四八年に調印された「貿易と関税に関する一般協定」（ＧＡＴＴ）は、加盟各国に対して、無差別に自由貿易の原則を適用した。農業を工業と同じ原則であつかうことは可能か。デビット・リカードは、貿易自由化を正当化するために、比較生産費説を唱えた。イギリスでは、ワイン一単位を一二〇、毛織物一単位を一〇〇の労働量（計二二〇）で生産する。ポルトガルは、それぞれ八〇、九〇の労働量（計一七〇）で生産する。イギリスの比較優位は毛織物で大きい。ポルトガルの比較優位はワインで大きい。イギリスは毛織物二・二単位へ生産特化し、ポルトガルはワイン二・一二五単位へ特化し、相互に交換すると両国とも有利である。比較優位性により各国が生産を特化すると、貿易により互恵の関係となる。両国の総生産は四・三二五単位へ約八％拡大する。これがリカードの比較生産費理論である。

しかし、比較生産費論は、農業へ適用するには以下の難問がある。第一にこの理論は、生産要素の私有を前提とするが、社会的共通資本（共有財産）である土地・水・森・河川灌漑が一体化した農業には妥当しない。第二に生産資源のバリィブルな部門間の自由移動を前提するが、農業は「土地に刻まれた歴史」をもつ過去の労働が蓄積した固定型の土地依存産業である。最後に生産の規模経済を否定するが、これも妥当しない。比較生産費理論は、以上の農業の特性からみて、農業には必ずしも妥当しない命題である。

貿易と関税に関する一般協定とUR農業交渉

次に国際機関と農業交渉の大枠をみよう。グローバル化は、農業政策をWTOの国際規律へ組み込んだ。農業政策の国際関係は、WTOを舞台に展開する。WTOは、一九九五年にGATTのウルグアイ・ラウンドの合意協定を基礎に発足した。WTOの前身GATTは、一九四八年に関税と通商上の障害を除去するための国際機関として成立した。GATTは、国際条約（法律）、政治交渉（政治）、経済システム（経済）の三機能をもつ。その目的は、自由貿易原則の無差別適用である。全加盟国を等しく優遇する「最恵国待遇」（MNF）である。関税引き下げ交渉、通商上の障害の除去、数量制限の一般的禁止等が原則である。自由貿易の例外には、明示的な措置として、輸入数量制限（IQ）、輸出補助金、余剰農産物処理（PL480）、輸出数量制限等がある。黙示的な例外は、国家貿易、政府間商品協定、ウェーバー（自由化義務免除）である。枠外・灰色措置は、残存輸入制限、可変課徴金、輸出自主規制である。貿易自由化交渉は、こちらの自由貿易の例外措置を削除していくプロセスである。

ガット・ウルグアイ・ラウンドの農業交渉は、長期的な多国間自由化交渉である。一九八六年の南米ウルグアイ会談（ラウンド）によって開始され、一九九三年一二月に終結した。農業および関連分野では、①国境措置、②輸出補助金、③国内支持、④検疫衛生措置の四分野を対象とした。主要国の主張は以下の通りである。米国は、すべての非関税措置を関税に転換する「例外なき関税化」を基本とした。そして輸出補助金の九〇％以上を削減し、ウェーバーや可変課徴金は廃止する。

国内支持政策は、貿易影響度に応じ三分類し、貿易歪曲政策は一〇年間で撤廃する。農業保護の総合的計量手段、AMS（内外価格差×支持生産量＋国内補助金で計量される国内支持の累積指標）にもとづき、国内農業の支持を削減するとした。ケアンズ・グループは、米国案の「例外なき関税化」を支持した。欧州共同体（EC）は、保護の再均衡（リバランシング）をはかる関税化を基本とした。そして輸出補助金は存続、可変課徴金は一定の枠を維持し、国内支持は計算可能産品のAMSの三〇％を削減するというものである。日本は、食料輸入国の立場から、食料安全保障の原則にたち、米などの基礎的食料は、自由貿易の例外とする、政府の生産調整品目は現行アクセスを維持し、輸出補助金の撤廃、国内支持は存続させ、穀物・砂糖・牛乳・乳製品のAMS三〇％を削減する、とした。

UR農業合意の枠組み

交渉は難航をきわめたが、米国・EC間ブレアハウス合意等、各国合意がはかられ、一九九三年一二月に妥結し、ウルグアイ・ラウンド（UR）農業合意が成立した。

国境措置は、①輸入数量制限等を包括的に関税化、②一九九五〜二〇〇〇年に関税率を平均三六％、最低一五％削減、③現行輸入量は維持、④非輸入品目はミニマム・アクセス機会（最低輸入量）を設定し、輸入量は初年度は国内消費の三％、最終年度は同五％とする。日本の譲許約束事項は、第一に国境措置を関税相当量（TE）により関税化、小麦のTEは、一kg当たり六五円であり、四一三％の関税率に相当、バター三〇〇％、脱脂粉乳一二五％、生糸二一二％、でんぷん四八〇％、雑豆五三一％、こんにゃく芋四八五％等である。ＴＥは、実施期間中に一五％削減、国家貿易品目(米、小麦、バター、脱脂粉乳、生糸)は、輸入差益(マーク・アップ)を一五％削減する。第二にすでに自由化された品目、牛肉、オレンジ、オレンジジュース、チーズ等は、関税を二〇％程度削減する。牛肉は、輸入急増期には関税を五〇％へスナッチバックする。第三に米の特例措置は、国家・食糧庁によりミニマム・アクセス分の輸入を、上記よりも多く九五年四％から二〇〇〇年八％へ拡大する。マーク・アップ一kg当たり二九二円は、七三一％の関税に相当する。その後一九九九年に米は関税化された。輸出補助金は、一九九五〜二〇〇〇年に、基準期間(一九八六〜八八年)の三六％を削減する。日本は輸出補助金を支出せず、約束事項はない。

国内支持政策では、農業保護水準をＡＭＳ基準で二〇％削減すること、貿易を歪曲せず増産効果のない政策「グリーンボックス」と、悪い政策「イエローボックス」に分類し、イエローボックスは削減することを決定した。削減対象にならないものとしては、米の生産調整支出、農業・農村インフラ整備、試験研究・普及、農業金融、公的備蓄、農業共済等補助を定めた。また、最小限条項にあてはまる鶏卵、野菜、果樹の助成をおこなう時限付きの政策「ブルーボックス」には、経営安定対策等が認められた。

検疫衛生措置は、国際基準により各国基準を調和させ貿易障害としない。基準は国連食品規格委員会(ＦＡＯ・ＷＨＯコーデックス委員会)が決定する。日本政府は、政府介入の縮小、農薬毒性や

ＪＡＳ規格の国際基準化と輸出国検疫の実施、透明性の確保、輸入手続の簡素化、迅速化、動植物検疫検査官の現地派遣、技術協力、輸入解禁手続きの迅速化を決定した。

ＵＲ合意は、米の最低輸入量ミニマム・アクセスをはじめ、ＴＥ、国内支持政策、関税品目の国境措置、食の安全性問題等、多角的な影響をもつ農業のグローバル化政策である。

４　ＷＴＯと新ドーハ・ラウンド農業交渉

ＷＴＯは、立法権、司法権をもつ国際機関である。閣僚会議・一般理事会を頂点に、紛争解決機関（ＤＳＢ）、貿易政策検討機関（ＴＰＲＭ）等をもち、国際法人の法的拘束力をもつ。交渉対象も、検疫衛生措置（ＳＰＳ）、貿易関連投資措置（ＴＲＩＭ）、サービスに関する協定（ＧＡＴＳ）、知的財産に関する協定（ＴＲＩＰ）へ拡大した。加盟国（一三五）の四分の三は途上国であり、一九九七年には開発途上国の貿易拡大と技術支援の包括的枠組みが決定された。約束実施の期間延長、貿易機会の増大、技術支援など途上国特別規定である。二〇〇二年の中国のＷＴＯ加盟は、途上国・移行経済国グループの発言権を高め、「新世界秩序」を形成した。ＷＴＯと関連する国連貿易開発会議（ＵＮＣＴＡＤ）は、技術支援事業と途上国政策担当者のための貿易政策講座を開設し、広報活動を実施している。

一九九九年、第三回シアトル閣僚会議は新ラウンドの立ち上げに失敗したが、二〇〇〇年にＵＲ

農業協定第二〇条にもとづき「合意済み課題」としてWTO農業交渉を開始した。日本政府は「WTO農業交渉日本提案──多様な農業の共存をめざして」を提出した。〇一年一一月WTO第四回閣僚会議（カタール・ドーハ）は、新ドーハ・ラウンドを立ち上げ、交渉の大枠（モダリティ）の決定を〇三年三月、譲許表（オファー）の提出を同年九月第五回メキシコ・カンクン閣僚会議とした。最終的な交渉期限は、二〇〇五年一月一日の一括受託（シングル・アンダーテーキング）である。〇二年一一月に日本政府はモダリティ案を提出した。基本的スタンスを示す「WTO農業交渉日本提案」は、多様な農業の共存を基本的な目標として、①農業の多面的機能、②食料安全保障、③農産物の輸出国と輸入国ルール不均衡の是正、④開発途上国へ配慮、⑤消費者・市民社会へ配慮、の五点を提案した。焦点は、米の枠外税率とミニマム・アクセスのマーク・アップの維持、一元的国家貿易体制、不公平な制度是正等である。

交渉の枠組みに対する日本政府モダリティ案（〇二年）は、いわゆる「非貿易的関心事項フレンズ国」（日本、EU、スイス、ノルウェー、韓国、モーリシャス）と協調し、米国・ケアンズ諸国の急進的な保護削減と市場開放案に対し、交渉を進めてきた。各国の主張はさまざまである。第一に関税水準については、日本・EUはUR方式を基準に、品目ごとに柔軟性をもって単純平均率の削減をするよう主張した。しかし米国・ケアンズ諸国は、「スイス・フォーミュラ方式」の加重率を用いて、すべての関税を一律二五％未満へ大幅に削減するよう求めた。途上国は先進国に対して大幅削減を要求している。市場アクセス数量については、日本・EUはルールの改善・明確化・現行維持を、米国・ケアンズ諸国は五年間で二〇％の一律拡大をめざしている。日本は特別セーフガードの対象を関税化品目や季節性・生鮮性品目へ拡大したいとするが、米国・ケアンズ諸国は特別セーフガードを廃止するという。第二に国内支持（AMS）では、日本・EUは漸次的削減・品目ごとの柔軟性を求め、「ブルーボックス」（経営安定対策等）や「グリーンボックス」は維持する。米国は大幅一律削減、ケアンズ諸国は撤廃、「グリーンボックス」も削減、両者とも「ブルーボックス」は廃止すると述べている。途上国は先進国の国内支持撤廃を求めている。第三に輸出規律では、輸出補助金を日本・EUは削減、米国は五年で撤廃、ケアンズ諸国は三年で撤廃するという。

米・EU共同提案の行方

以上のような各国主張の隔たりの中で、米国寄りで交渉の余地のない農業委員会ハービンソン議長案は紛糾し、〇三年三月までに農業モダリティ（交渉の大枠）の確立はできなかった。その後、〇三年六月にEUのCAPフィシュラー改革がなされ、第5章のように直接支払いを生産要素と切り離し、かつ段階的に削除し、支持価格も引き下げるという農業支持削減の合意がなされた。これに対して、米国はCAPフィシュラー改革を、WTO農業提案として具体化することをEUへ働きかけ、両者の交渉が再開された。その結果、〇三年八月に米・EUの妥協が成立し、農業モダリティの米・EU共同ペーパーが提案された。米・EU共同提案は、関税削減等の市場アクセスについて、UR方式とスイス・フォーミュラ方式とを融合するブレンド方式である。農産物を関税率と重要度によって三つのグループへ区分し、異なる関税削減方式を用いる。とくに日本の米のように、高関税のセンシティブな品目については、上限を設定した関税削減方式と、総量の一定割合を低関税枠として市場アクセス（最低輸入義務）を追加する関税割当方式の、ふたつの組み合わせを可能とするリクエスト・オファーが提案された。直接支払い、輸出補助金、輸出信用の削減についても合意された。さらに、特別セーフガード（SSG）の創設などの、途上国向けの特別措置を盛り込むものである。

〇三年九月メキシコ・カンクンで開催されたWTO閣僚会議に対する一般理事会カスティーヨ議長による閣僚宣言案は、この米・EU共同提案を農業モダリティへ反映させるブレンド方式、途上国対象のSSG特別措置等を踏襲するものである。これに対して日本、韓国、スイス、ノルウェー、ブルガリア等の高関税を抱える食料輸入九カ国は、輸出国主導の上限関税の設定と最低輸入義務の拡大の撤回を求め、食料安全保障などの「非貿易的関心事項」に配慮するように提案した。またG21を名乗るブラジル、インド、中国、南アフリカなどの途上国二一カ国は、米・EU主導の提案へ反発し、先進国には一層の市場開放と輸出補助金・国内補助金の削減を迫り、途上国には緩やかな関税削減を容認するように提案した。こうしてWTOカンクン閣僚会議は、デルベス・メキシコ外相の宣言案が難航し、西アフリカ諸国もふくめて新たに登場した南からの主張のなかで決裂した。その行方には、開発途上国の存在が大きく陰を落としている。WTO農業交渉の新しい地平である。

今後、日本はフレンズ諸国と提携し、食料輸入国のスタンスを固め、さらに多くの開発途上国の賛同を得ながら、食料輸出国の米国・ケアンズ諸国に対して道理と国際社会の支持をもって持続的な交渉をさらに強力に積み重ねていく課題に直面している。

第3章　多国籍アグリビジネスと農業政策

1　世界食料の不安定性と多国籍企業

世界の食料生産は、異常気象など自然条件に大きく影響を受ける。また開発途上国からの過度な食料輸入は、自然資源を枯渇させ、地球環境を悪化させる。開発途上国には、貧困と飢餓に苦しむ多くの人々がおり、基礎食料は不足している。さらに、世界のパン籠、米国は、短期的には穀物過剰であるが、長期的にみると穀物在庫率を減少させている。こうして食料供給は不安定化し、先進国と途上国の穀物配分のアンバランスが恒常的になっている。本来、食料は、国内生産の余剰を輸出するという限界的性格をもち、食料貿易は厚味の「薄い市場」である。したがって食料を世界市場に過度に依存する道は、危険である。

食料貿易には、多国籍アグリビジネスとよばれる巨大企業が深く関与している。国連によると、多国籍企業とは、多くの国籍をもつ企業であり、本社の所在する投資母国から、海外のホスト国に対して直接投資（ＦＤＩ）をおこない、二つ以上の国に子会社を設置して、工場・農場・事業所などを所有する寡占的大企業である。ＦＤＩは、相手企業に対する経営支配を目的とし、株式の三〇～五〇％以上を取得し、子会社・関連会社とする投資である。企業総売上高に占める海外子会社売上高が一五％以上の企業が多国籍企業なのである。アグリビジネスは、農業および農業関連産業が結合し、投入財（種子等）や農場生産から、農産物加工、卸売・小売流通、外国貿易、外食産業までの食料システムの全体、つまり「農場から食卓まで」を統合する産業組織である。

多国籍アグリビジネスには、三つのタイプがある。穀物メジャーでは、カーギル社、コンチネンタル社、ドレフュス社、ブンゲ社、ガーナック社の五社が、米国穀物輸出の八五％の市場占有率をもっていた。しかし二一世紀初頭、カーギル社とＡＤＭ社との二強が覇権を握った。食品加工メジャーには、ネスレ社、フィリップ・モリス社、ユニリーバ社、ＲＪＲナビスコ社等があり、食品加工製造業の貿易を支配し、海外売上高比率は四〇～四五％に達する。買収・合弁（Ｍ＆Ａ）により加工食品産業を制覇した。生鮮メジャーなどの付加価値型（ＨＶＰｓ）の多国籍企業では、ドール社、チキータ社、デルモンテ社などが代表的で、経営を多角化し、ブラジルのオレンジ果汁産業、チリの生鮮果実産業等、中南米諸国へ展開した（第7章参照）。

2　国益との相互利用と対立

多国籍企業の経済は「マクロより大きいミクロ」と言われる。小国の国民経済、マクロ経済より大きいミクロ経済という意味である。たとえばネスレ社の年間販売総額は四～五兆円、コカ・コーラ社の世界雇用者総数は六五万人という水準に達し、これらの巨大な多国籍アグリビジネスの展開によって、企業と国益、市場と農業政策との新たな緊張が生まれている。多国籍アグリビジネスと農業政策との相互依存の関係には、①農産物貿易と海外投資の拡大、②安価な食料輸入による低賃金の基盤形成、③工業製品の輸出増大に見合う国際収支のバランス確保、④政策立案者と多国籍企業との人事交流、⑤国際技術移転と世界市場参入、⑥雇用機会提供と契約生産の拡大、⑦開放型の地域開発政策の進展等がみられる。米国の農産物輸出補助金の多くは多国籍企業が独占している。多国籍企業の利益は、「回転ドア現象」と言われる政府機関との人事交流により、例外なき関税化案、食品安全性の整合化案等の政策へ反映される。

一方、多国籍企業と農業政策との相互衝突の関係には、①農産物市場の投機化、②国内農業の空洞化と食料自給率の低下、③食品安全性の低下、④農業環境の収奪、⑤新たな貧困・飢餓と地域格差の拡大、⑥伝統的食文化の破壊、⑦社会的公正の後退と治安悪化等がある。米国への海外農産物の輸入増大は国内農業へ打撃を与え、失業を増大させた。また、食生活の無国籍化が進み、食の安全性が脅かされる。

ＵＲ合意における植物検疫・衛生措置に関する協定は、各国の食品安全基準を、国際的に整合化した。食品安全基準は国連ＦＡＯ・ＷＨＯ合同の国際食品規格委員会に委ねられるが、食品規格、食品添加物、残留農薬などの各部会議長国は食料の輸出国が独占し、多国籍企業の代表が名を連ねている。多国籍企業は、自由な貿易と投資の領域を拡大し、国際取引費用を削減し、参入障壁を低くする。さらに、国境を越えた企業の内部に、技術、販売力、寡占力、経営資源などの優位性を保有し、膨大な超過利潤を引き出す。グローバル化は、国家の農業政策と多国籍企業との相互作用の結果である。

多国籍企業による食料支配は、食の安全を脅かす。米国の食品安全性に関するデミニミス政策（最小の危険）による、「無視しうる危険」という概念は、リスク・アセスメントの基準となった。日本の食品安全政策も、リスク分析・管理・評価・開示において国際的基準にそう方向が強まっている。しかしながら人々の健康は、栄養、運動、休養の三要素のバランスによって確保される。とくに栄養は、さまざまな食品群を偏ることなく摂取して得られ、安全なものでも過度に摂取すると問題を起こす。食生活は国によって異なり、それぞれの食品群内の標準的な摂取量も異なる。食生活の差を踏まえ、各国の食品安全基準の独自性は尊重されたい。

3　多国籍企業の理論

現代多国籍企業論は、S・H・ハイマーらの産業組織論から始まる。国際化する企業は、知識や技術などの所有の優位性、オーナーシップ（O）の優位性をもつ。海外投資はこれを国際的に移転する手段である。国際貿易論のＲ・ヴァーノンは、国家のもつ資源賦存と生産立地の比較優位、ロケーション（Ｌ）の優位性に注目した。製品開発は、労働資源が豊富で、生産コストの安い途上国へと立地移動する。企業の所有の優位性（Ｏ）と、国家の資源賦存の優位性（Ｌ）の二要素は、多国籍化の推進力である。内部化理論のＰ・Ｊ・バックレーは、世界市場の情報は不完全で、取引費用がかさむため、市場の失敗を回避し、市場を垂直的に統合し、取引を企業へ内部化する優位性が働くとした。

Ｊ・Ｈ・ダニングによる多国籍企業論のＯＬＩ理論は、これら三つの潮流の折衷論である。企業における所有の優位性（O：Ownership）と、国家における資源賦存の優位性（L：Location）とが有機的に結合し、市場内部化の優位性（I：Internalization）として実現していく具体的筋道を、資本・国家・市場という、ＯＬＩ三要素の観点から解明した。つまり多国籍企業のＯ優位と、国家の資源賦存のＬ優位とを結合する。両者の相互依存関係は、国際開発の方向と類型（ＯＬＩの配置形態）を決定する。Ｏ優位は、企業の内部に蓄積され、工場・農場などの有形資産とともに、革新的な生産技術や研究開発能力、商品ブランドや企業管理ノウハウなどの無形資産である。投資のプッシュ要因である。Ｌ優位は、豊かな自然資源の賦存、原材料や土地・労働資源などの投入財、海外投資歓迎政策などである。投資誘致のプル要因である。Ｉ優位は、国際市場における情報蒐集などの取引費用を削減し、知的資産を保護する。市場を統合し、取引を内部化する。インテグレーション要因である。ＯＬＩ理論は多国籍企業の三要因を統合する。次に以上の理論仮説を、多国籍アグリビジネスの分野へ適用してみよう。

多国籍アグリビジネスの諸類型

多国籍アグリビジネスには、市場戦略類型、商品システム類型、投資母国地域類型がある。市場戦略の類型のうち、L優位の自然資源指向は、生物資源の開発と利用を主な動機とし、砂糖・コーヒー・ココア・バナナ・パイナップル等、熱帯産品にみられる。O優位の市場指向は、タバコや加工食品などの食品製造業など、研究開発と市場銘柄、経営管理力等の知的資産を国際的に移転し市場を開拓する。効率指向は、バイオ産業・製薬業や付加価値産品（果実・野菜）、冷凍食品等にみられ、市場内部化のI優位性を追求する。戦略資産指向は、水産食品（エビ製品等）など、戦略資産の地域的な集積を基礎とした共働（シナジー）の利益を追求し、国際競争力を追求する。

農場から食卓へ至るフードシステムは個別商品によって異なる。商品類型のうち、先進国の穀物輸出を支配する多国籍穀物メジャーは、市場の寡占的支配力を高め、世界の穀物貿易を支配している。途上国の熱帯産品を輸出し加工食品を支配する食品産業メジャーは、企業のM&A等の手段を用いた資本の集積と集中を顕著にした。高付加価値貿易を支配する生鮮・付加価値農産物メジャーは、途上国の農業開発へ大きなインパクトを与えている。

ラテンアメリカモデルは、食料輸出戦略と結合した、市場指向の輸出代替システムである。米国食品産業は、海外直接投資によって世界標準の技術と経営を移転する。北米自由貿易協定（NAF

TA）等の地域貿易協定は市場の拡大を目的とする。これは途上国の内部に開発ギャップを生みだし、自給率の低落、地域環境への負荷等、ネガティブなインパクトを強める。オレンジ果汁（FCOJ）のブラジル・モデルは、所有の優位性にもとづく市場を指向し、生産・加工・流通・貿易の各段階に及ぶ国際的な価格連鎖、市場の寡占的支配を強めた。落葉果実のチリ・モデルは、市場内部化の優位性にもとづく効率を指向し、先端技術導入、農民との契約的統合、流通施設整備など市場取引の内部化を進めている（第7章参照）。

アジア・モデルでは、日本企業の海外投資を基盤に技術移転を進め、労働集約過程を労賃コストの安いアジア地域にシフトする。これにより食料輸入政策とリンクした海外食料基地を構築した。総合商社が開発輸入を促進し、日系企業は現地法人との業務提携や合弁事業などを組織した。通貨危機などの不安定要素があり、開発による資源枯渇や生態系破綻などの限界もみられる。環境を保全し、人間と自然とが共生する持続可能な内発型開発政策への国際協力が期待される（第8章参照）。

フィリピン・モデルは、資源賦存の優位性にもとづく資源を指向し、多国籍企業と総合商社の参入により、バナナの生産・流通・貿易の各段階を統合し、市場の寡占的な支配を強める。タイ・モデルは、総合競争力の優位性にもとづく戦略資産を指向する。エビの養殖を基礎に日系企業が参入し、食品産業の集積、品質・労働管理など知的資産を移転している。水質浄化・マングローブ林保全への環境貢献が期待される。中国モデルは、安い労働資源を指向し、現地合弁企業などの形態で、沿岸部に果実・野菜・冷凍加工食品の生産加工基地を構築し、開発輸入を進めた。黒龍江省三江平原の国営新華農場（二万八〇〇〇ha）は、日綿株式会社との共同投資協定により合弁企業を組織し、日本の米品種や栽培・精米技術を導入、売買同時入札制度（ＳＢＳ）の契約米を日本へ輸出している。

多国籍アグリビジネスの地域類型は、南米とアジアでは対照的である。しかしアジアでもより強く世界市場を指向する傾向がみえてきた。タイ北部のチェンマイ・フローズン・フーズ社は、伊藤忠商事社の投資で冷凍エダマメを生産、契約生産・資材提供・技術指導し、製品の品質管理（ＱＣ）とＨＡＣＣＰを取得、日本・シンガポール・香港から、中近東・米国・欧州・東南アジアへ輸出する。タイ政府投資委員会（ＢＯＩ）は、特区創出・税の免除・減税など投資政策によりこれを支援している。中国新疆ウイグル自治区のサッポロビール本社が投資した新疆阜北三宝楽碑酒花有限公司（フホク・サッポロ・ホップ：一二二兵団農場）は、欧州型アロマタイプホップ（品種「札―1」）を無農薬栽培し、ペレットホップへ加工、真空包装技術を移転してホップ原料供給基地を開発した。販売会社・東亜連合（日独中合弁）は、中国国内および欧州を含むグローバル市場へ輸出する。

「東アジアの奇跡」を生んだ市場開放型の地域開発政策のもとで、「アジア経済危機」を克服し、グローバル化を管理した日系企業は、食料関連投資を進展させ、アジア各国・国際機関との相互依存関係を深めている。貿易投資政策、食品安全基準整合化、地域原材料協定、知的所有権保護、環境保全政策などをめぐり、政策協調は一層重要性を増している。「アジアとの共生」が二一世紀のキーワードである。

4　日本の食品産業における多国籍企業化

日本の食品産業の多国籍企業化は、一九八〇年代後半から、食料輸入と結合した開発輸入型投資として急速に進んだ。味の素社（海外生産比率三〇％）、日清食品社（三〇％）、ヤクルト社（一五％）、三井製糖社（一五％）等の大企業が先行したが、中小零細企業もアジア諸国へ進出した。とくに味の素社は、加工食品、味の素、医薬品、食用油脂等、幅広い分野へ国際展開した。

日本の代表的食品企業一〇〇社の『有価証券報告書』から、海外直接投資のオリジナル・データ（株式取得・出資・長期貸付三項目集計）を作成してみると、直接投資は、資本規模の水準（総資産・雇用者数・売上高等）と資本・知的集約度（研究開発投資・スキルと管理能力・企業ブランド）の増大につれて拡大することがわかる。生命・バイオ・環境科学等の知的資産は市場取引が困難で、企業内に移転される。また、企業の資金力（自己資本比率）の増大は、製粉・飼料、砂糖業種で直接投資を促進している。さらに資本構成の高度化（資本労働比率）と企業の近代化度（企業の資金力や情報収集力）は直接投資を増加させ、多国籍化させる要因である。食品製造業の海外投資は、企業近代化を達成した先進部門で進展した。

食品産業における直接投資先の主な業種は、麦酒、調味料、即席食品、肉製品、菓子、乳製品で

表 3-1　日本の食品製造業のアジア直接投資　（単位：100 万円）

	世界計 ①	アジア計 ②	アジア比率 ②/①%	主な投資国
食品製造業合計	442,702	89,598	20.2	
1　砂糖	1,676	1,251	74.6	フィリピン
2　飼料	465	289	62.2	タイ
3　食油	10,356	6,239	60.2	シンガポール・中国・マレーシア
4　即席食品	24,529	9,478	38.6	香港・中国
5　清涼飲料	4,088	1,558	38.1	シンガポール
6　調味料	142,666	46,265	32.4	シンガポール・フィリピン・タイ
7　乳製品	12,759	3,872	30.3	タイ・香港
8　菓子	14,650	4,256	29.1	台湾・タイ

資料：直接投資は，大蔵省『有価証券報告書総覧』における法人 100 社の個別財務諸表から独自に集計した（1994 年度の FDI 残高）．アジア地域への投資比率の高い上位 8 業種を示す．詳しくは豊田隆『アグリビジネスの国際開発』（農山漁村文化協会，2001 年，42〜52 頁）参照．

ある。大蔵省『財政金融統計』は、投資先地域を、北米四〇・四％、アジア二四・一％、オセアニア二一・四％等と指摘し、進出動機は、北米は販路拡大・情報収集、オセアニアでは日本への逆輸入・豊富な現地資源、アジアでは販路拡大・現地労働力の利用・労働コストの削減であるとする。表３-１は、著者の作成したオリジナル・データにより、アジア各国への投資比率「アジア比率」の高い代表的な業種を示す。日本の食品製造業は、アジア諸国の食材・原材料と密接な関係をもつ。進出先国の原料使用率は八五％と高い。企業は、アジア各国の潤沢な土地・労働・生物資源などの資源賦存の優位性を追求している。まさに日本の食料は、「アジアとの共生」なしには存立しえない。

直接投資の決定要因は、知的無形資産であ

る。そのキー要素は、研究開発力（R＆D能力）、食品経営知識（調整スキルと管理能力）、企業名声（グローバル・プレーヤー）である。食品産業の多国籍化の推進力は、資本規模力と一体化した知的資産、「二つの統合力」（ハイマー『多国籍企業論』）である。日本のグローバル化の遅れは、科学技術力と知的資産（アセット）形成の遅れでもある。二一世紀は、産・官・学・市民の緊密な連携を課題とする。

5　持続可能な内発的発展へ

これまで多国籍企業は、現地国の環境を破壊し、汚染を拡大するネガティブな評価がなされてきた。しかし環境の保全・修復には知的資産が不可欠である。多国籍アグリビジネスは、大気・排水浄化技術や廃棄物処理技術など、先進国の試練を経た環境無形資産を有し、世界的にみて環境保全技術のパイオニアでもある。国によって環境基準や環境評価システムは異なる。途上国は、多国籍企業に対して、環境改善のリーダー役を期待する。現代国家は、地球環境問題の重要性を認識し、その基本戦略を持続可能な環境保全型開発へ転換しつつある。多国籍企業は、環境保全を競争戦略へ組み込んでいる。市場の力も、企業活動が、環境目標へ適合するよう促進する。二一世紀の環境保全型開発政策は、政府・国際機関と多国籍アグリビジネスの共同政策努力により達成される。

環境の自己再生産能力の範囲内に開発を調整する地域開発政策は、三つのEを満たす必要がある

(第2章参照)。①エコロジーの生態的開発、②エコノミーの経済的開発、③エシックスの社会的開発、という三つのEである。内発的発展政策からみて、政府と市場とともに、農村共同体、協同組合、環境NGOなどによる市民社会の役割が重要である。

多国籍アグリビジネスによる開発の及ばない条件不利地域に位置するパラグアイの小農型開発政策は、小農の自立と安定を目標とし、農村共同体を基礎に開発を進めた。水資源の制御と多様な組織、伝統的な地縁技術の発展、環境保全・修復型開発など、小農の組織化による「むらづくり」手法を活かし、日本の国際協力機構(JICA)等による新しい国際協力のあり方を明示した。タイのマングローブ林保全活動は、協同組合の役割を示す。エビ養殖農民が組織するカンジャナディット協同組合は、マングローブ保全・再植林事業を農民参加を得て進め、地域の環境を修復する共同体基盤組織として発展した。公共財の保全意識を高め、環境倫理性の自己教育機能を果たす。中国江蘇省南部の生態系農業は、先端技術と伝統技術を融合し、廃棄物の再利用、農業・林業・畜産・漁業を一体化し、混作・輪作・緑肥・立体農業・有機質多層循環など循環農業体系を創出した。環境NGOである生態系環境経済研究所の役割が大きい。市民が支援する国際開発として、生活協同組合の首都圏コープは、国内産地提携の経験を活かして、国際提携も模索中である。女性と人権を尊重する開発、環境を保全する開発を条件として、たとえばスリランカの有機紅茶産直などアジア各国の農業との国際提携を進めている。市民社会の成熟は、持続可能な内発的発展を生む。

６　東アジアの食料安全保障政策

グローバル化時代の日本の進路は、アジア共生の途にある。そのためには、資源循環型社会の実現、各国農業の相互共存、食料安全保障など農業の多面的機能、持続可能な農業をめざす「人間と食料の安全保障」が政策課題である。国連開発計画（ＵＮＤＰ）は、一九九一年に「人間の安全保障」を提起し、国際社会は、軍事力・マスキュリニティではなく、ジェンダーと人権、公正、協働にもとづく人間開発を中心とした安全保障を選択するとした。その基礎は、人々を貧困と飢餓から救う食料の安全保障、「すべての人々が、十分で安全な栄養ある食料を、物理的かつ経済的に入手する」（国連食糧農業機関：ＦＡＯ）ことである。そこで零細農業の歴史を共有する、東アジア食料安全保障の政策課題を試論的に提案したい（第12章も参照）。

第一にモンスーン気候の地域特性を踏まえ、東アジア域内諸国における米の共同備蓄を実現し、米不足国への融通・貸借、商品協定、情報の共有化を実現する。先行するＡＳＥＡＮの米の共同備蓄を拡大していく。第二に小麦・飼料穀物のトウモロコシ・大豆に関しては、穀物メジャーの企業戦略情報をモニター・監視する。米の飼料化、中国やタイでのトウモロコシやキャッサバの増産、バイオマス開発等へ農業技術協力・援助供与を強化する。第三にＢＳＥ問題や農薬残留問題など、食の安全性確保の観点から、食のグローバル情報ネットワークを形成し、各国はトレーサビリティーとライアビリティー（生産者の責務）に関する情報を共有する。食品産業の知的所有権を相互に尊重するのである。政府、市場、アグリビジネス、NGO等が参加する東アジア地域情報ボードを形成する。第四に有機農産物の基準整合化とISO・HACCPの取得を促進する。企業の環境技術・知的資産の移転を促進し、日系企業アグリビジネスは、アジア環境向上リーダーとして貢献する。第五に国境調整の新しい手法として、多様な農業の共存、農業の多面的機能へ配慮し、生鮮食品等の品目別セーフガード政策を強化する。これとともにWTOの公正な農産物貿易ルールを確立する。また個別的な二国間協定を積み重ね、「南北間NAFTA型」「東欧拡大EU型」「南米南部共同市場MERCOSUR型」の経験を踏まえ、包括的な「東アジア地域貿易協定」を展望する。最後に地球温暖化防止と京都議定書にそって二酸化炭素排出を抑制するため、韓国・中国・アジア各国と協調し環境税（炭素税・エネルギー税・農薬税等）を導入、「カーボン・ニュートラル」なバイオマス資源の総合利用による、バイオ燃料・熱電併給コージェネ・バイオガス等、グリーン・エネルギー開発を進める。

以上のように国際開発におけるグローバル化を拒絶するのではなく、グローバル化の否定的な格差拡大型インパクトを調整し管理するための実効性ある開発政策を展開し、相互依存型インパクトを生かしながら、「ひとつのアジア」をつくる共生の関係を創出することが二一世紀の新しい課題である。

第Ⅱ部　先進国の農業政策

——米・EU・ケアンズ諸国

第4章　農産物輸出大国・米国における農業政策

日本人の食卓は、食パンの小麦、家畜飼料のトウモロコシ、植物油脂の大豆等の消費を通じて、農産物輸出大国である米国農業と直結している。米国の農業政策には、対外的な貿易自由化政策と、国内的な輸出市場指向政策の両面がある。米国等新大陸の農産物輸出は、一九世紀末に農産物の過剰を生んだ。第一次大戦後にも再度過剰となり、一九三三年米国農業調整法（生産調整と価格支持融資）が成立する要因となった。第二次大戦後の生産費所得支持政策（一九七三年に開始された目標価格・融資単価との差額不足払い制度等）は、補助金付きの農産物輸出を急増させた。「化学肥料を増やした分だけ輸出を増やす」という論理は、環境負荷を増大させた。一九九六年農業法は、価格支持融資を残すが、不足払い政策を廃止して、直接支払い政策を導入、農業環境政策へ傾斜するきっかけとなった。市場指向型の農政改革である。また二〇〇二年農業法は、価格変動対応型支払い制度を新設した。

1　米国における農業政策の展開

日本にとって国家安全保障の基軸である日米関係は、米国農産物の輸入体制を随伴した。出発点は、一九五三年に米国の過剰農産物の処理と再軍備の援助を組み合わせた相互安全保障法（MSA）にもとづいて、日米MSA協定が交わされ、小麦・大麦・飼料・綿花等の輸入が始まったことである。米国は、農産物貿易促進法（PL480）にもとづき、日本の戦後復興を、余剰農産物処理として実施した。学校給食制度とパン食の普及は、日本の伝統的なフードシステムを転換した。

戦後米国の農業政策は、PL480から、農産物の商業的輸出の拡大へ、さらに欧州共通農業政策（CAP）の対応政策へと展開を遂げた。一九五四年に、アイゼンハワー大統領のもとに制定されたPL480は、食糧不足、ドル不足に苦しむ途上国に向けて現地通貨払いで六〇年代前半までおこなわれた食料海外援助である。余剰農産物処理として、毎年一〇数億ドル、農務省予算の二〇%以上を支出した。一九六〇～七〇年代のジョンソン、ニクソン、フォード大統領の時代には、ベトナム戦費などでドル危機が深まり、途上国援助に替わって、西欧・日本などへ小麦・トウモロコシ・大豆等を輸出するドルによる通常の商業的輸出が本格化した。穀物商社は市場拡大に重要な役割をはたす。一九八〇年にカーター大統領は、ソ連のアフガニスタン侵攻に対する報復措置として対ソ連の穀物輸出を禁止した。他方、欧州共同体は、食料自給の体制をつよめ、輸入を減らしていた。こうして一九八〇年代になるとCAPにより輸出は後退し、一九八五年農業法にもとづき不足払い、輸出補助金が導入された。価格・所得支持予算は一〇〇〜二〇〇億ドル、農務省予算の三〇％以上に及んだ。同時に、国内低所得階層に対して、小麦等の現物を支給する食料栄養計画（フード・スタンプ計画）は、二〇〇〜三〇〇億ドル、農務省予算の四〇〜五〇％に及んだ。

欧州CAPの食料自給政策は、一九八〇年代の米国農業大不況を生み、大幅な穀物在庫を抱えた中小農場は破綻した。米欧間の穀物市場をめぐる対抗、いわゆる「シリアル・ジレンマ」（B・F・スタントン教授）である。米国農業における穀物の国際競争力の低下は明白であった。新大陸の豊かで広大な土地に依存した安いコストでの生産が限界に達した。農業生産費用が上昇し、途上国の追い上げもあって、米国が優位を占めたトウモロコシ、大豆等も国際市場価格を上回る原価上昇が見られた。たとえば、一ブッシェル（二五・四㎏）当たりのトウモロコシ原価は三〜四ドルに上昇し、二ドル台の農場価格を上回っている。コスト上昇の原因は、肥料・農薬等の生産資材コスト上昇、規模拡大にともなう地代・土地借地料の増加である。純地代は生産費用の二五〜三〇％を占めた。土地価格は上昇し、高い地価や地代は採算性を悪化させた。「地代圧力」は、米国農業の生産コストを押し上げ、国際競争力を低下させた。

2 農産物価格・輸出拡大政策――一九八五年農業法

米欧間の「シリアル・ジレンマ」から抜けだすため米国は、一九八五年農業法を制定した。同法は、①農産物価格政策（価格支持融資政策と不足払い制度）、②生産調整政策（生産調整、土壌保全留保計画）、③農産物輸出拡大政策（輸出奨励計画ＥＥＰ、マーケティング・ローン、特定輸出助成計画ＴＥＡＰ、輸出信用）のポリシー・パッケージである。

価格支持融資政策

価格支持融資政策は、価格暴落に歯止めをかける最低価格保証で、一九三三年農業調整法に起源をもつ。農民は、生産した自分の穀物を担保にして、商品金融公社（ＣＣＣ）から、政府が定めた融資単価（Loan Rate）によって、期限九カ月の短期融資を得る。図４-１に示すモデルケースのように、たとえば小麦一トン当たり九五ドルの価格で融資を受けるとする。政府は、担保穀物を封印して各農場倉庫に保管させる。市場価格が九五ドルを上回り、一一〇ドルへ上昇すれば（ケースⅠ）、農民は担保を請け戻して販売する。政府には融資九五ドルを返済し、差額一五ドルは農民の所得となる。市場価格が八五ドルへ下落したら（ケースⅡ）、担保穀物を政府に引き渡し、九五ドルを受け取る。差額一〇ドルは政府負担となるのである。市場供給量は政府管理分だけ減少し、価

図 4-1　米国の農産物価格政策

価格支持融資と不足払いのモデルケース

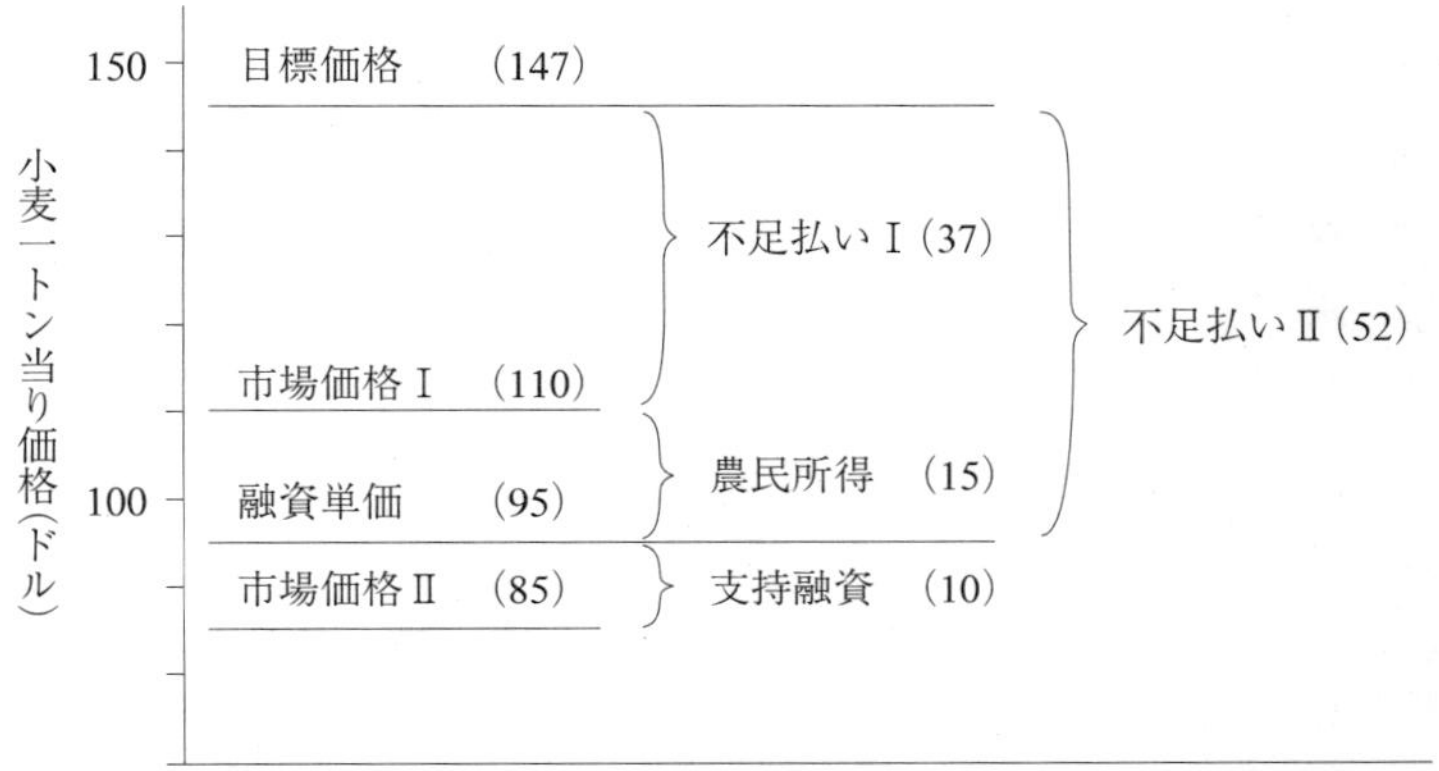

注：不足払いは 1996 年法で廃止されたのち，2002 年法で形を変えて価格変動対応型支払いとして復活した.

格は回復する。「いつ、請け戻すか、あるいは担保流しにするか」は、市場をみながら農民が判断する。融資単価は、過去五カ年の市場価格のうち、最高と最低の年を除く平均価格の八五％と定める。目標価格の七〇％前後である。価格支持の対象品目は広範であり、穀物（小麦、米、トウモロコシ、ソルガム、大麦、燕麦）、綿花、落花生、砂糖、タバコ、羊毛、蜂蜜である。大豆は含まない。以上の価格支持融資政策は、市場経済を前提とした最低価格保証である。この制度は、永続法（一九三八年農業調整法、一九四八年農業法）で規定されたもので、現在でも米国農産物価格政策の根幹をなしている。

不足払い制度

次に不足払い制度は、生産費にもとづく目標価格、たとえば小麦一トン当たり一四七ドルを設定し、市場価格が一一〇ドルと下回った場合（ケースⅠ）、政府は、その差三七ドルを不足払いする。さらに八五ドルに暴落して融資単価九五ドルを下回れば（ケースⅡ）、融資単価との差額五二ドルを不足払いする。融資単価以下の部分一〇ドルは、融資制度によってカバーされる。不足払いの対象品目は、穀物（小麦、米、トウモロコシ、ソルガム、大麦、燕麦）と綿花のみである。大豆は含まない。価格支持融資の最低価格保証および、不足払い制度のいずれも、生産調整に参加した農民のみが対象となる。不足払いは、一九七三年農業法において制度化され、市場価格と連動した所得支持政策である。

生産調整政策

生産調整政策は、生産調整と土壌保全留保計画（ＣＲＰ）を根幹とする。生産調整政策は、穀物（小麦、米、トウモロコシ、ソルガム、大麦、燕麦）と綿花を対象とする。過去五年間における作付面積と減反面積との合計の平均を「基準面積」とする。不足払いの対象は、その一定割合である。各年の作付面積が基準となり作物選択を規制する。ＣＲＰは、土壌浸食を起こしやすい耕地を長期間（一〇年）、草地や林地へ転換する。政府は、農民にＣＲＰ土地の賃借料を支払い、土壌保全経費の半額を助成する。土壌保全の技術指導もおこない、農業環境保全政策となっている。対象面積は全国一四〇〇～一六〇〇万haに及んでいる。これは米国の全農用地面積四億三〇〇〇万haの三・三～三・七％である。生産からの隔離を意味し、実質的に生産調整の意味をもっている。

農産物輸出拡大政策

農産物輸出政策は、二つの価格政策をともなった。融資単価を国際価格に連動させ、その引き下げで国際競争力を強化する政策と、所得補塡の目標価格と融資単価の範囲（上記例三七～五二ドル）における不足払いである。価格政策によって、穀物集荷所（カントリーエレベーター）で集荷する多国籍穀物メジャーは、生産費一四七ドルのフルコストを負担せず、安い一一〇ドルで購入し、海外販売力を獲得した。米国農産物の比較優位性は、政府と市場の結合による。

輸出奨励計画（ＥＥＰ）は、特定市場へ輸出する多国籍穀物メジャーに対し、値引き額相当のボーナスを、ＣＣＣが所有する穀物の現物や引き換え可能証券で支給した。ＥＥＰ適用小麦は、三一〇〇万トン、輸出総量の七割で、ボーナス受給額は三七億ドル、穀物メジャーのカーギル社がその一八％を取得した。

マーケティング・ローン制度は、国際競争力の弱い「米と綿花」を対象とした。米の目標価格は一トン当たり三二八ドル、融資単価は一九九ドル、市場価格（農民受取価格）は一〇五ドルすら下回っている。政府は、融資単価一九九ドルより安い、融資返済価格（レペイメントレート）九五ドルを定め、その返済を可能とした。政府は、目標価格と融資単価との差一二九ドルに加え、融資単価と融資返済価格の差一〇四ドル、合計二三三ドルを財政負担する（八七年）。米の生産費の実に七一％は、政府補塡なのである。この制度により安い国際米価が設定された。多国籍アグリビジネスは、農業者から安く集荷して輸出力を強化した。

特定輸出助成計画（ＴＥＡＰ）は、相手国の輸入割当制（ＩＱ）や不公正貿易のある特定市場に対し生産者・団体の食料宣伝・販売促進へ助成し、国際食料展等、米国農産物を売り込んだ。

輸出信用保証政策（ＥＣＧＰ）は、穀物商社が外貨不足の途上国へ信用売りをおこなう場合、米国銀行が資金を貸付け、ＣＣＣがその貸付を保証する。相手国企業の支払不能に際して、ＣＣＣが銀行に返済をおこなう。年平均三〇～三五億ドルが支払われる。ＥＣＧＰは農産物輸出の拡大政策である。

一九九〇年農業法は、①ＥＥＰの強化、②マーケティング・ローン制度の対象品目を米と綿花から大豆等へ拡充、③販売促進計画（ＭＰＰ）への切り替え、アジア諸国を重点市場とした食料輸出計画を策定した。四〇％は日本向けである。経済成長と所得向上により畜産需要を増大させたインドネシア、韓国、台湾、マレーシアの四カ国へ、米国のトウモロコシ輸出は増大した。

ガット・ウルグアイ・ラウンドの農業交渉において、米国は一九八五年農業法と一九九〇年農業法にそって、例外なき関税化案を提起した。また輸出補助金削減提案は、「シリアル・ジレンマ」の根源となったＣＡＰへのリベンジである。そして日本に対するミニマム・アクセス米の市場開放要求は、東アジアへの農産物輸出戦略、アジア市場開放の象徴となった。

3　市場指向型の農政改革

一九九六年農業法の直接固定支払い

一九九六年連邦農業改善・改革法（FAIR）は、世界貿易機関（WTO）の農業体制へ対応し、生産調整と不足払いを廃止し、直接固定支払いを導入した。

生産調整の廃止は、作付けの自由化を意味する。これまでの不足払いの支払い対象面積は、作付面積と減反面積を基礎とした基準面積により決定されていた。その廃止は作物選択の幅を広げ、小麦・大豆輪作の拡大、穀物・畜産複合化など、自由度を拡大した。同時に、政府は国内外の需給を調整する機能を喪失した。不足払い制度の廃止は、市場価格連動型の所得支持政策を終焉させた。二つの意味で市場指向型の農政改革である。

直接固定支払い制度により、市場価格と分離した固定支払いを受けられるようになった。これは一九八五年ボーシュウィッツ上院議員の提唱した定額補償制度を源流とする、「価格と分離した所得支持政策」、「デカップリング政策」である。農民は、農務長官と七年間の「生産弾力契約」を結ぶ。受給資格者は、過去に生産調整に参加した農民である。七年間の固定支払い総額は三五六億ドル、各年四〇～五五億ドルである。固定支払いは、契約面積の八五％へ支払われる。支払い単価は、支払い総額を、契約総生産量（契約面積と計画収量の積）で除して求める。小麦一ブッシェル（二七・二kg）当たり六六セント、トウモロコシ一ブッシェル（二五・四kg）当たり二七セントである（九六年）。支払い条件は、農地の保全義務を遵守することである。穀物農場の八三％、五五万農場が受給し、支給額は一農場平均九〇〇〇ドル強、農業平均所得の約六割に相当する。

永続法（一九三八年農業調整法、一九四八年農業法）で規定された融資単価による最低価格の保証機能は、価格下落対応のセーフティ・ネットとして存続した。対象農民は、生産弾力契約の締結者である。上限は、九五年融資単価で、小麦一ブッシェル当たり三・三四ドル、トウモロコシ一ブッシェル当たり一・八九ドルである。最低価格保証のカバー率は、目標価格から固定支払いを控除した額に対して、小麦七七％、トウモロコシ七六％である。

農産物輸出促進政策では、ＥＥＰ、マーケティング・ローン制度、販売促進計画、輸出信用、補助受給上限の三人格ルールなども存続した。ＷＴＯ農業協定でみとめられる「グリーン・ボックス」（良い政策）へ分類されている（第2章参照）。

九七年のタイ通貨危機を端緒とする「アジア危機」は、市民社会の未成熟を露呈し、所得と農産物需要を低迷させ、世界の穀物価格を下落させた。これは、アジアへ穀物を輸出してきた米国農業を直撃した。九八年以降、融資単価とマーケティング・ローンを受ける農民が増大した。さらに九八年緊急農業支援措置が制定され、固定追加支払い（三〇億ドル）、作物損失の補償支払い（二四億ドル）がなされた。直接支払い額は、九八年八四億ドルから二〇〇〇年には二五六億ドルへ拡大した。こうした市場損失支払いは、いうまでもなくＷＴＯ農業協定の「イエローボックス」（悪い政策）である。

二〇〇二年農業法の価格変動対応型支払い

二〇〇二年五月成立の農業法（ＦＳＲＩＡ、～〇七年）は、こうした価格変動への対応、所得セーフティ・ネットの形成をめざした。市場損失支払いを受け継ぐ不足払いの変形である。九六年に開始された直接固定支払いに加えて、目標価格による不足払い方式を変形して復活した。環境保全対策を強化し、土壌・水環境保全生産者への支払い、保全セキュリティ計画を新設した。価格支持融資制度は存続し、融資単価は最低価格の保証として機能し続ける。一ブッシェル当たりの融資単価は、小麦二・八〇ドル、トウモロコシ一・九八ドルへ引き上げられた。また引き続きマーケティング・ローンの利用も可能である。直接固定支払いも存続し、新たに大豆や油糧種子が支払い対象に追加された。さらに価格変動対応型支払い制度を新設した。主要な作物ごとに目標価格を設定し、市場価格または融資単価のうち、高い方の価格に直接固定支払い分を加えた水準が、目標価格を下回った場合には、その差額を価格変動対応的に補填する。支払い基準は、過去の生産面積等である。一九九六年農業法が否定した不足払い制度の形を変えた復活である。農業が自然の恵みを前提とし、その市場経済化である限り、単年度における価格変動と無縁の直接支払い方式――デカップリング政策――には限界がある。米国の選択は、日本やＥＵ共通農業政策にも影響を与えている。

4　果樹農業における産業組織

ＵＲ農業交渉に先立ち、米国は日米二国間協議によって牛肉・オレンジの自由化、ＩＱの廃止を要求した。その背景には、ＥＣに南欧果樹生産国が加盟したため、米国生鮮オレンジ輸出市場は欧州からアジアへとシフトしたこと、貿易と投資の両面で日米間の相互依存性が増大し、国境を越えた市場一体化が深化したこと、多国籍アグリビジネスの活動領域が拡大し、米国ブランドが浸透したことが挙げられる。

米国の果樹産地は、サンベルト柑橘地帯とスノーベルト落葉果樹地帯の南北二地帯へ大別される。サンベルトのうち、フロリダ州はオレンジジュースの巨大企業の原果汁生産地へ特化し、カリフォルニア州はサンキスト農協に代表される生鮮用オレンジの輸出地域へ特化した。スノーベルトは、加工原料用りんごの産地・ニューヨーク州と、生鮮りんごを輸出するワシントン州へ分化した。産業組織も多様化し、多様な品種・販売チャネル・販売単位をもつ細分化産業（ニューヨーク州りんご産業）、少数の品種・販売ユニットとよく組織された調整化産業（ワシントン州りんご産業）、販売ユニットのサンキスト農協等への集中度の高い（六五％）高度調整化産業（カリフォルニア州柑橘産業）、少数大企業の市場占有率が高い（上位三企業占有率：七五％）寡占化産業（フロリダ州柑橘産業）へ多様化している。

さまざまな企業形態

果樹農業の企業形態も多様化している。家族農場を基礎とした企業法人経営や家族が所有し管理するアグリビジネスが成長した。農場生産に果実加工や消費者直売、観光果樹園などを結合するものである。他方、多国籍アグリビジネスは農場への垂直的統合を進め、農場の直営化や契約生産を広げている。

ニューヨーク州のデマリー農場（家族二人、通常雇用二人、季節雇用のべ六～七人）は、七〇haを経営し、加工用りんごを生産（六三％）する。窒素充塡低温貯蔵庫（ＣＡ）をもち、飲料企業シュワップ社に販売している。カリフォルニア州のウオタ・ブロス農場（家族二人、季節雇用一〇～二〇人）は、九六haを経営し、生食オレンジやオリーブを生産・販売する。

ワシントン州シュミット農場（父子協定の共同経営、通常雇用四人、季節雇用五～八人）は、一四〇haを経営し、りんご・さくらんぼ・なしの複合経営である。借入地による「自小作拡大型」であり、販売額は三四三万ドルである。

ワシントン州ナカタ農場（家族二人、通常雇用七人）は、四五haを経営し、りんご・なし・さくらんぼを生産し農協へ販売している。ニューヨーク州のレッド・ジャケット農場（雇用マネージャー四人、通常雇用二六人）は、一二〇haを経営し、りんご・さくらんぼ・プラム・いちご等を生産し、冷蔵庫、選果場、搾汁施設、直売店、観光果樹園を複合化している。年間販売額は二〇〇〇万ドル以上である。

ワシントン州パシフィック・フルーツ社（ランチ・マネージャー一〇人、通常雇用二〇～二五人、季節雇用二〇～二五〇人）は、五二〇haを経営し、りんご、なし、さくらんぼの集荷・貯蔵・包装・販売をする企業である。離農一四農場の所有権を取得した。フロリダ州のフェルズミアー農場（通常雇用二〇〇人、季節雇用三四〇～四〇〇人）は、住友商事社・DNEセールズ社の合弁事業で、プランテーション転用の約一万haを経営し、オレンジ・グレープフルーツ・野菜を生産し、オレンジは加工原料、生食グレープフルーツは日本へ輸出する。しかし二〇〇一年に住友商事社は、大農場に固定された投資の採算性が悪化し、直接投資から撤退した。

果樹農業の企業形態は多様である。高い効率性と品質管理、強い競争力を発揮するのは「家族所有の企業農場」である。協定共同農場は、企業農場への転換において資本不足を補充し、次世代への継承をはかる。アグリビジネスの垂直的な統合や調整の過程も新しい担い手を形成している。米国果樹農業では、新しい担い手が成長している。

5　酪農の家族農業制の変貌と市民社会

酪農の家族農場制は、一世代で農場を営み、廃業に際して農場資産を処分し、売却する「一代限りの夫婦家族制」である。だが農場が規模拡大するなか、世代相続がはからるようになった。単婚一世代の夫婦農場から出発し、子供の成長に応じ、父子相互間のパートナーシップ協定を結ぶのである。G・W・ルーニーによれば「二人以上の個人が、利潤を目的として、共同所有権にもとづき、事業を営む連合体」である。父と子との二世代が農場資産を共有し、家族以外のメンバーの参入も歓迎する。家族企業農場の成立である。

ニューヨーク州コーネル大学の農業普及プログラムは、連邦・州・郡政府と協力して、持続可能な農業開発を推進した。大規模拡大型の農業から、小規模でエネルギー・物質循環型の市民社会に支持された農業へ転換した。著者は、二〇〇一年九・一一同時多発テロから半年後に訪問したコーネル大学のネルソン・ビルズ教授から新しい米国農業の素顔を学んだ。

スモール・ビジネスとは、雇用者一五人、年間販売金額五〇万ドル以下の企業である。野菜・果実・牛乳・酪農製品を生産し、地域直売市場へ販売する。消費者と契約を結び、直接取引する。消費者支援農業（CSA）は、人々の出会いを大切にし、ローカルで、自然、有機的なものを尊重し、化学薬剤を削減し、食品安全性とモニタリングを重視する。土地と農業、野生生物管理、財務計画、環境保全計画を包括する全体的プログラムである。市民支援農業は、日本の生消提携が生み出した「産直」の経験をヒントにして、東部諸州から発生した。

有機牛乳については、家畜飼養と飼料生産の両面で、化学薬剤の軽減、ゼロ・ケミカルをめざし、コーン利用率を低下させる。有機物で熟成された土壌（オープンソイル）を活用し、放牧・牧草と粗飼料を用いる。有機牛乳認証システムで安全性を確保する。厩肥の再利用、完熟した堆肥供給システムを形成する。有機牛乳は、直売により価格プレミアムを選択する消費者と直結している。

小規模農場は、労働や機械のコストを節約し、資本投資を抑える。ニッチ・マーケットは高い所得をもたらす。ニッチ（niche）とは「隙間、適所」の意味で、大量流通の間隙をつき、すき間を埋めていく。小規模農業は、有機牛乳や野菜・果実に適合する。生産時間を節約し、マーケティング時間を拡充する。「多くの労働、少ない化学薬剤、高い価格」という財務構造をもっている。

市民諸活力は、小規模農場を育成する。NGO「持続可能農業協会」は、約三〇のグループ、数百人の会員を抱える。「共同体・食料・農業プログラム」（CFAP）は、環境負荷の軽減、地域の食品加工・食品包装をめざす。持続可能な農業は、ロデイル研究所やバイオ・ダイナミック協会の思想であり、慣行農業から、生物的防除技術を活用した有機農業、認証有機農業へ、さらにバイオ・ダイナミック農業から永続性農業へと向かう。「持続型農業の研究教育」（SARE）は、エスニシティの食文化需要と市民支援農業を育成するボランティア組織で、山羊チーズ小規模食品加工協会、野菜・果実・家族農場東北連盟などを包括する。

トンプキンス郡ドライデンのボーゲン・シャーマン農場（二世代家族五人、雇用八人）は、放牧を主体に乳牛三〇〇頭を飼育する。有機牛乳を生産する認定有機農業者（COF）で、有機牛乳の卸売価格は、一CWT（米ハンドレッドウェイト：一〇〇ポンド：四五・三kg）当たり二一ドル、慣行牛乳一五ドルより高い。有機トウモロコシ・ミル（粉砕飼料）の供与、有機認証の牧草地システム、オート麦・大麦・トウモロコシの有機穀物輪作、育成牛の屋外個体管理ハッチと薬剤削減、一日二回搾乳・年間七七〇〇kgへの集約度低下等、認証基準をクリアする。有機牛乳は、州内の量販店ウェグマン等でも販売される。

6　財政負担型農政と市民支援農業

米国農業政策の基本は、小麦・トウモロコシ・大豆の穀物等（グレイン）における輸出拡大政策である。一九三三年農業調整法以来七〇年間に及び、融資単価による最低価格保証のシステムを存続させている。これに不足払い、米や綿花のマーケティング・ローン、直接固定支払い、そして二〇〇二年農業法で新設した価格変動対応型支払い等を組み合わせる。米国農産物の低い国際価格は、こうした政府の手厚い財政支払いによって形成された。また付加価値型の農産物を代表する果樹農業では、その産業組織が細分化型から寡占化型まで多様化し、後者では多国籍アグリビジネスの市場統合・調整が、前者では国内供給がメインとなる。日常必需品の牛乳・乳製品では、オーガニック・ミルクのような市民諸活力に支持されたＣＳＡが展開している。

ＷＴＯ農業交渉では、たしかに国家の硬いビリヤードの玉の衝突が目立っている。しかし、その玉の内部に着目してみると、市民社会に支援された国内農業、農業の多面的機能の評価という共通の枠組みが見えてくる。

第5章　国境を越えた食料自給・EUにおける農業政策

欧州連合（EU）は、国境を越えた共通農業政策（CAP）により食料自給を達成し、農産物輸出地域へ展開した。一九世紀末の欧州では、新大陸の安い農産物が流入し価格が暴落したため、農業近代化の進んだ英・蘭・デンマークに対し、仏・独・伊の小農国は農業関税政策をとった。一九三〇年代の農産物過剰には、一九三二年の英国小麦法、一九三六年の仏国小麦関係者局設立、等の農産物価格政策がとられた。第二次大戦後、欧州共同体（EC）は、一九五七年ローマ条約による地域経済統合の結果、CAPを生みだした。CAPは「欧州農業共同体」を形成し、域内共通の農業政策によって、国境を越えた食料自給を達成した。一九八〇年代後半、グローバル化とGATT・UR農業交渉のもとで、一九九二年に始まったCAPのマクシャリー改革は、価格引き下げ、直接支払い政策とセット・アサイド（減反）とを導入し、環境保全に留意した市場指向型の農政改革をなしとげ、アジェンダ2000、フィシュラー改革へと繋がっている。

1　欧州の地域経済統合と共通農業政策

一九九三年、欧州連合設立条約(マーストリヒト条約)が発効して、EC加盟国が新たにEUを結成し、通貨統合および政治統合の達成をめざすと宣言した。九四年に欧州通貨機構(EMI)がフランクフルトに設置され、二〇〇二年には欧州通貨ユーロ流通が開始された。東欧・中欧一〇カ国は〇四年の加盟へむけて動き出している。六七年、ECは、フランス、西ドイツ、イタリア、オランダ、ベルギー、ルクセンブルグの「小欧州」六カ国によって発足した。ECは、関税同盟によりモノ(商品)の自由流通を可能とした。やがて、第一次(七三年、イギリス、デンマーク、アイルランド)、第二次(八一年、ギリシャ)、第三次(八六年、スペイン、ポルトガル)の新加盟により、一二カ国に拡大された。九〇年の東西ドイツ統一により東ドイツの加盟、九五年にはオーストリア、フィンランド、スウェーデンの新加盟によって一五カ国へと拡大した。

CAPは、五九年の欧州経済共同体設立条約(ローマ条約)によって定められ、六七年の域内統一価格を確立した。国別の農業政策を再編して「緑のプール」構想を具体化し、「欧州農業共同体」を形成した。また、農業の特殊性に配慮し、地域の多様性、家族農業の社会性を織り込んだ農政思想を継承する公共政策である。CAPは、三つの基本原則を持つ。農産物価格の統一(欧州価格の制定)、域内産農産物の対外保護(欧州特恵制度)、財政の共同負担である。六八年にはマンスホルト・プランにもとづく国際競争力の強化、地域的な分権化など構造政策が組み込まれた。さらに、農業における価格政策、貿易政策、構造政策、社会政策の四分野が統合された。

ＣＡＰの市場価格政策は、可変的な国境調整（輸入課徴金と輸出払戻金）と、最低価格維持のための域内市場介入（価格変動の規制）である。それは、品目的には三グループへ区分される。指標価格、介入価格、および輸入課徴金からなる穀物、砂糖、乳製品。関税と輸入課徴金からなる牛肉、豚肉、鶏肉、鶏卵。品質管理と関税からなる果実、野菜、ワインである。

ＣＡＰにおける穀物の価格制度は、介入価格、および輸入課徴金と輸出補助金からなる。九二年マクシャリー改革以前のＣＡＰプロトタイプを示す（後出図５－１参照）。第一に指標価格は農政の目標価格であり、生産者の所得補償の目標となる卸売価格である。穀物の最も不足するドイツ西部ノルトライン・ウェストファーレン州のデュースブルグの市場価格から算出される。第二に介入価格は、生産者の最低保証価格である。市場価格が指標価格を一定限度に下回ると、欧州農業指導保証基金（ＦＥＯＧＡ）は介入価格で買い取る。第三に境界価格は、域内価格を対外的に保護する価格である。指標価格からデュースブルグと穀物陸揚げ港オランダのロッテルダム間の輸送費を差し引いた価格である。ＦＥＯＧＡは、輸入穀物に対して、境界価格と輸入穀物ＣＩＦ価格（世界市場価格）との差額を、可変的輸入課徴金として課す対外保護価格である。域内ではこの価格で販売される。第四に輸出港価格は、輸出補助金の基準である。ＦＥＯＧＡは、輸出港での市場価格と低い世界価格との差額を、可変的な輸出補助金として払い戻す。

条件不利地域政策と農業環境政策

ＣＡＰは、国境を越えた食料自給を達成した。さらに域内自給を上回る農産物過剰を発生させ、農産物輸出地域となった。食料自給率は、穀物では、一九七二～七四年平均の九二％が、一九八八～八九年には一一三％へと上昇した。小麦は、一〇四％から一二三％へ、野菜は九四％から一〇六％へ、食肉は九五％から一〇二％へ、自給率の向上がみられた。農産物過剰は財政問題をも引き起こした。ＥＣ予算の七〇％が農業に、その九五％が価格支持政策に支出されたのである。財政負担の増大は、ＣＡＰ改革を不可避とし、生産抑制政策が取られた。農産物価格の引き下げ、生産の多角化、社会維持、環境・景観保全のための支持、という政策である。

ＥＵの農業構造は、内部に大きな異質性と多様性、地域格差を抱える。一九八九年段階における農場の平均経営面積規模は、イギリス六五ha、デンマーク三一ha、フランス二七haの大規模農場地域、旧西ドイツ一六ha、オランダ一五ha、スペイン一三haの小農規模地域、イタリア六ha、ギリシャ四haの南欧零細規模地域まで、大きな域内格差がある。各国内の格差も大きく、英国ヒル・ファーミング地域、フランス山地、ドイツ・アルプス山麓など条件不利地域も存在する。条件不利地域への政策、農業のもつ環境保全機能へ注目した政策、つまり「地域と環境」を結ぶ農業環境政策が推進されている。

条件不利地域政策は、農業者の所得維持、自然空間と社会人口の維持を目的として、山岳地域、その他の地域、ハンディキャップ地域を対象とする政策である。自立的な地域社会の維持、自然環境の保護、つまり環境や景観を保全する目的のために、直接支払い政策を導入した。耕種部門では、一九八七年から一ha当たり一〇一～一二〇ＥＣＵの年次補償金の支払いを開始した。

農業の多面的機能への配慮は、「環境保全特別地域」（ＥＳＡ）制度を生んだ。ＥＳＡ地域において、環境保全型農業を五カ年以上継続すると、年次手当てが一ha当たり一〇〇～一五〇ＥＣＵ支払われる。農業経営内植林事業や生産粗放化措置（二〇％の生産削減）への直接支払いも開始されている。

2　ガット・ウルグアイ・ラウンド農業交渉

ＣＡＰは、国境を越えた食料自給を達成し、農産物輸出を拡大したために、米国・ＥＵ間の農産物の貿易摩擦を激化させた。「シリアル・ジレンマ」である。ＥＵの主要輸出品は、ワイン、ビール、乳製品、食肉等の食料品（付加価値産品）である。米国の輸出品は、小麦・トウモロコシといった穀物や油糧作物・大豆である。ＥＵは、ナタネ、ヒマワリ、大豆、エンドウ、ソラマメ等の油料・蛋白作物の生産振興をはかった。ここで米国と衝突した。

ＥＵにおける畜産飼料は、穀物（軟質小麦・大豆・トウモロコシ）を域内自給、穀物代替品（キャッサバ・飼料用コーングルテン・ふすま）は自給と輸入、油糧種子・かす（大豆・菜種・ヒマワリ）は輸入、という自給バランス（対外競争力）であった。つまり穀物代替品と油糧種子は輸入に依存している。EUは、穀物価格を引き下げ、飼料穀物の競争力を改善し、穀物の飼料利用をめざした。対外政策の調整は、対外保護の再均衡化、「リバランシング」とよばれる。

GATT・URは、一九九一年の最終合意案（ダンケルペーパー）を受けて交渉が進み、九二年一一月のブレアハウス合意によって収束する。その結果、可変的課徴金はセーフガードと結合し、輸入量が急増すれば、追加関税を実施し、九五年から関税化することを決定した。しかし、「リバランシング」による、飼料原料に対する関税の再設定は実現しなかった。

3　マクシャリー改革

一九九二年のCAPマクシャリー改革は、価格引下げと直接支払いをミックスするイギリス的農政思想を基盤とし、一九三〇年代以来の英国不足払い制度手法を導入した。

小欧州における関税政策に起源をもつ可変的国境調整による、高価格な「消費者負担型」の価格支持制度から、英国における穀物法論争以来の自由貿易と不足払いにもとづく、納税者が負担する「財政負担型」の所得支持制度への転換である。価格支持・不足払い・生産調整というポリシー・ミックスの特徴をもつ。「高水準の価格支持が、生産を刺激し、過剰を生み、輸出補助金付き輸出を増大させる」というCAPを改革するねらいがある。CAPの三つの基本原則は維持され、競争

図5-1　EU・CAPの農産物価格政策

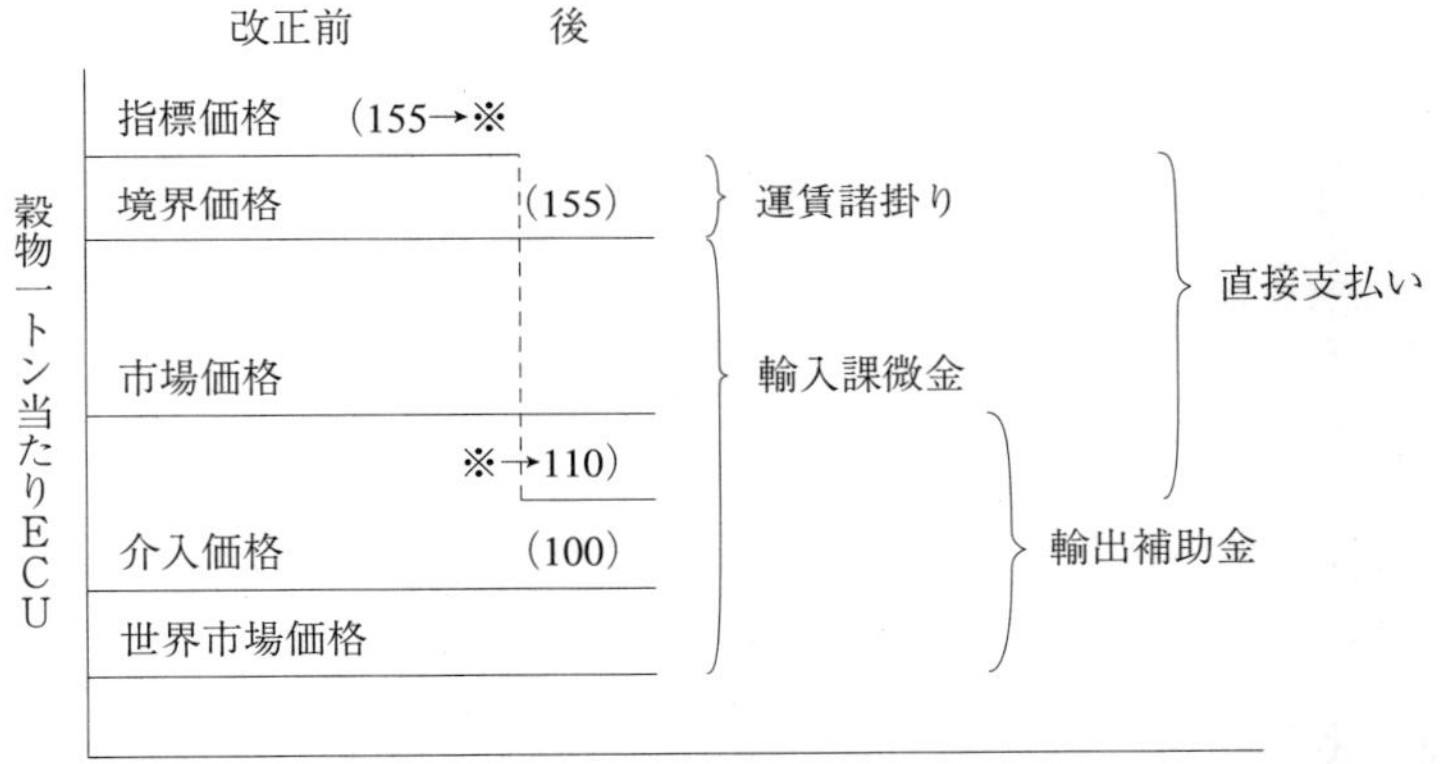

注：(　) 内は1992年改革による価格低下を示す．指標価格は境界価格との関連を切断，直接支払い基準となる．

力と市場均衡のために農業支持方式を転換する。価格を抑制し、直接支払いをおこない、セット・アサイド（減反）を実施する。農産物輸出型農政の強化である。

穀物価格は大幅に引き下げられた。図５－１のように、第一に指標価格は、境界価格との関連をなくす。介入価格に対する正常価格とし、直接支払い算定のベースとなる。一トン当たり穀物価格は、一九九二年の一五五ＥＣＵから一九九五年には一一〇ＥＣＵへ低下させる。第二に介入価格は、最低価格保証であり、一〇〇ＥＣＵへ低下させる。第三に境界価格は、可変的輸入課徴金の算定ベースで、一五五ＥＣＵへ低下させる。境界価格と輸入穀物ＣＩＦ価格との差額へ可変的輸入課徴金を課する。第四に輸出港価格と世界市場価格との差額を、可変的な輸出補助金として払い戻すことになった。

次にマクシャリー改革は直接支払いを導入した。

右でみた価格低下による所得減少を補償するため、一トン当たりの改正前の価格支持水準（一五五ECU）に対する指標価格（一一〇ECU）の引下げ額（四五ECU）に相当するものを直接支払いする。地域の基準収量（一ha当たり四・六トン）に、一トン当たり引下げ額（四五ECU）を乗じた額一ha当たり二〇七ECUを直接支払いする。

さらにセット・アサイドを導入する。小規模生産者（九二トン生産、一九ha未満）を除いて、直接支払いの受領は、セット・アサイドの義務を遵守しなければならない。減反は、基準面積の一五％とする。セット・アサイドされる土地は輪作のなかに組みこまれ、なおかつ適切な環境措置をする。以上のように、国境調整措置は維持されるが、域内価格の引き下げによって、国際価格との差が縮小し、対外保護の水準は低下した。

油糧種子（大豆、菜種、ヒマワリ種子）は、加工業者補助から、生産者直接支払いへと転換した。一ha当たり三五九ECUとする。蛋白作物（エンドウ、ソラマメ、ルピナス）は、生産者直接支払いとし、一トン当たり六五ECUを平均収量に乗じた。畜産（酪農、牛肉、羊肉）支持方式も改革され、酪農では、バター価格を五％引き下げた。牛肉は価格を一五％引き下げ、肉用オス牛奨励金一八〇ECU、肉用牛繁殖母牛奨励金一二〇ECUを直接支給する。

4　アジェンダ2000改革

一九九九年、ＣＡＰのアジェンダ２０００改革は、九二年マクシャリー改革をさらに前進させた。それは、ＥＵの中東欧への拡大により予想される一層の域内格差の拡大や不均衡へ対処して、農業・食品産業の競争力を向上させ、農業の多面的機能を発揮するための総合的農村政策であり、農産物輸出型農政をさらに進めるものである。具体的には穀物、牛肉、牛乳部門の改革を実施し、支持価格を引き下げ、直接支払いを強化すること。新農村振興規則を制定し、環境・景観・国土保全を重視すること。直接支払いに制限を設け、農業者が採用すべき環境要件と、これが遵守されない場合の措置をとる。さらに一九九五年以降、高率の輸出税によってＥＵの輸出価格を高騰時の国際水準まで引き上げ、需給管理すること。これは輸出の抑止的効果がある。ただし輸出税は、緊急性がきわめて高い場合に限定するとした。

二〇〇四年に中東欧一〇カ国、二〇〇七年にはブルガリア・ルーマニア等のＥＵ加盟が展望される。ＣＡＰアジェンダ２０００改革は、西欧農業と中東欧農業との統合を課題とする。中東欧農業にはＣＡＰが適用され、市場価格政策や直接支払いの恩恵を受ける。しかし、不慣れな市場経済の制度・慣習を整備し、同時に食品安全基準（ＩＳＯ、ＨＡＣＣＰ）等のＥＵの高いハードルをクリアしなければならない、という二重の課題を負っている。「欧州連合による農業・農村地域支援の特別追加プログラム」（二〇〇〇～二〇〇六年）、いわゆるサパード（ＳＡＰＡＲＤ）は、中東欧農業がＥＵ加盟と市場経済化を進めるためのガイドライン政策である。

二〇〇三年CAPフィシュラー改革

二〇〇三年六月にEU農相理事会は、フィシュラー農業委員が進めてきたCAP改革に合意した。これに先立ち、〇二年一〇月の欧州理事会は、EU予算全体の五〇％近くを占めてきたCAP財政支出額に上限を設定することを決定した。EU拡大後の〇七年四五八億ユーロ、一三年四八五億ユーロである。今回のフィシュラー改革は、これを受けて、直接支払いの大部分を農業生産要素と切り離したうえで、過去の直接支払い実績を基準とするデカップリング型とする。直接支払いは段階的に削減し、削減分を農村開発へ振り向ける。さらに直接支払いに際して、環境保全や食品安全性、動物福祉などの法令を遵守することを義務づける。価格支持においても、米や酪農品などの支持価格を引き下げ、その一部を直接支払いへ振り向ける、とした。しかし以上のCAP改革合意に到るまでにはEU域内の各国の議論があった。改革に賛成する国は、イギリス・オランダ・スウェーデン等の農業近代化を達成した諸国であり、改革へ反対または部分的デカップリング型への修正を要求したのはフランス・ドイツ・スペイン・アイルランド等の国内に多くの小農や零細農を抱える諸国であった。議論の結果ようやく直接支払いの現行制度維持を認める改定案によって合意に到ったのである。

フィシュラー改革の結果、CAP補助金の多くが、農業貿易・生産への影響のある「イエローボックス」(黄の政策)や、生産調整を伴う直接支払いの時限的な「ブルーボックス」(青の政策)から、農業貿易・生産への影響のない「グリーンボックス」(緑の政策)へ移行し、AMS基準の補助金の削減対象からはずれることになった。こうして農業支持の削減に合意したＣＡＰフィシュラー改革は、対外交渉におけるＥＵの立場を強固にしており、第二章のように〇三年八月のＷＴＯドーハラウンドの農業モダリティにおける米・ＥＵ共同提案の基礎となったのである。

5　東西欧州の農業構造

西欧諸国

イギリス農業は、歴史的なエンクロージャー、とくに第二次囲い込み（一七六〇～一八四〇年）を通じて、大土地所有制を確立した。これにより現在、耕種と畜産を結合した大農場制が展開している。たとえば、オックスフォードシャーのワイタム農場は、土地二四〇ha、通常雇用者一〇人の大農場である。冬小麦・春小麦・草地の輪作がおこなわれ、大規模で効率的な管理組織は、土地生産性を上昇させる。大農場制は、イギリスの穀物自給率を向上する担い手である。また著者が一九九九年に訪問した北イングランド・ヨークシャーにおける環境保全型農業をめざすＮＧＯ、ＦＷＡＧ（Farming and Wildlife Advisory Group）は、農場の境界にある生け垣を保全し、野生生物多様性を確保するビオトープ空間、有機農業と生物による病虫害防除システムの創出をめざす。野生生物と景観は、市民に開かれたフットパス（農場散策用の歩道）によって地域公共財となる。さらに原生品種の保存をめざした果樹展示農場には政府補助金が支出される。生物多様性の尊重が目的である。

西部ドイツ農業は、中規模の小農制の構造をもつ。アルプス山麓の条件不利地域で、経営規模の小さいバイエルン州では、小農を相互に補完する組織、マシーネリング（農業機械・経営援助組織：MR）が形成される。MRは農業者の集団であって、個々の組織構成員が所有する農業機械で他の会員の農作業をおこない、料金を徴収する組織である。相互利用の契約統合組織である。バイエルン州では、土地の過半を組織する。パッフェンホーヘンMR（七三六人）は、各種の農業機械の相互利用を進め、経営援助ヘルパーの役割をもち、小農経営を生産と生活の両面において相互に補完する。

EU農政は、農民的家族経営を、環境保全・景観維持のために重視する。ドイツの条件不利地域へは調整金が支給され、一経営当たり支給は、平均三〇〇〇マルクを超える。EUでは、福祉の観点から、農村社会や家族経営が環境維持に及ぼす農業の多面的な公益機能が再評価されている。

東欧諸国

東部ドイツ農業は、戦後土地改革を通じ、大規模な集団農場制を形成した。農業生産協同組合（LPG）の平均規模は、四八〇〇haに達した。バイセタウベ園芸生産協同組合（温室一〇ha、労働者四〇〇人）は、切り花、鉢植えの生産へ専門化し、農場労働組織（ブリガーデ）の自主性を重視して、生産意欲を引き出した。一九九〇年のドイツ統一は市場経済化を進め、農業も近代的企業形態へ脱皮した。デンミンＬＰＧでは、八二〇〇haの巨大な集団農場が、一二の株式会社農場へと再編された。こうした法人農場への移行を主流としながら、たとえばウェステンハイデＬＰＧでは、平均四〇haの個人経営を創出した。東部ドイツ農業は、「大規模性」を継承し、統合と市場経済化の中で、ＥＵ有数の大規模農場地域へ変貌した。二〇〇〇年国際農業経済学会（ＩＡＡＥ）の折、著者がフィールド・トップで訪問したベルリン郊外ベーダー・フルヒト社（二〇〇ha、雇用二三人の果樹企業農場）は、ＥＵ・政府補助金を取得し、選果場・保管施設・直売所を併設、ＩＳＯ９０００を取得し、インターネット個人直売ルートや有機農産物を開発するなど、市場経済へ適合していた。

先進的なハンガリー農業は、個と集団を合理的に結合し、集団農場制でありながら、小経営的な生産セクターを重視し、家庭菜園（果樹・野菜・畜産）が発展した。改革により、外国資本参入による合弁事業が展開、果実の選果、包装、貯蔵、販売から輸出へ至るシステムが整備された。「混合経済化」がめざされ、国営企業の株式会社化が進み、土地市場を創出し、土地の再私有化により家族経営（六〇ha）や企業経営が復活した。二〇〇四年にＥＵへの加盟が予定される中東欧諸国の先頭を走っている。また輸出型農政を追求し、ケアンズ・グループの一員でもある。

ブルガリア農業の市場経済化

ブルガリアは、一九九一年に農地法による旧地主への農地返還（五六八万ha開放）、一九九二年に国有企業（食品産業等）の民営化、一九九七年にカレンシー・ボード（ドイツ・マルク・ペッグ制）

の導入、通貨・財政の安定化を実現し、一九九九年からEU加盟交渉を開始した。西欧との格差は大きく、市場の未発達、食品産業の低集中度、農民の分散性等の問題を抱え、〇七年のEU加盟へ向けて農政改革が迫られている。サパードは、財政総額をEU五〇%、ブルガリア政府二五%、農民二五%が負担する。目的は、農業と食品産業の近代化、市場と技術の改善（HACCPやISO9000等の国際基準の導入）、雇用と所得の向上である。

〇二年に著者が訪問した、国有企業から民営化したユナイテッド・ミルク社（UMC。資本金六二〇万レバ。現地通貨はマルクから現在はユーロと釘付け連動）は、〇一年にプロヴィディフ社等四社を統合し国内最大企業となっていた。売上高は二八〇〇〜三〇〇〇万レバ、主要製品は、ヨーグルト、生鮮牛乳、塩漬羊・牛チーズ等で、塩漬白羊チーズ等を輸出する。UMC社は、サパードに参加し、原料乳の集荷・保管・加工・流通の技術革新・施設整備を進める。

小規模のスモールビジネス（SMEs）も成長している。ソフィア市ローゼン村のグリゴル・ナデヤノフ氏（四三歳）は、牛乳集乳場（日産四〇〇〇リットル・雇用者一二人）とチーズ・ヨーグルト加工場を経営する。小規模農民（七〜一〇頭放牧）から集荷、直営農場を経営する有限会社のSMEsで、チーズ・牛乳・ヨーグルトを独自ブランドで包装、チェーン店へ直売する。

一方、国営LBブルガリコム社は、明治乳業株式会社と三〇年間、「明治ブルガリア・ヨーグルト」ブランドの「ラクトバシルス・ブルガリクス」（Lactobacillus bulgaricus）菌の使用ライセンス契約を継続した。同社は、乳酸菌の研究開発と知的所有権の保護、国際ライセンシング取引をおこなう。ＪＩＣＡは、発酵酪農製品に関する国際協力をおこない、ＬＢ菌約七〇〇種の同定・種の保存・食品特性研究を援助・協力した。ダノン社、ネスレ社等の多国籍アグリビジネスは、欧州市場で異種菌ヨーグルト製品を開発、味の画一化、希薄化を進展させる中で、乳酸菌の知的所有権の保存は、地域に固有の食文化の伝統を継承し、農業の多面的機能の維持に貢献している。

6　ＥＵの農場制とアジアの零細農耕制

ヨーロッパ農業は、アジアの零細な農耕制とは異なり、農地が面として私的に集積された農場制をとっている。西欧は小農制の西部ドイツ、大農場制のイギリスのいずれも、大規模である。中東欧や南欧では零細な規模の農業も多い。集団農場制の歴史のある東部ドイツは、「大規模性」がＥＵ統合のなかで比較優位となった。ＥＵは、単なる食料自給地域ではなく、輸出型農政が追求され、環境や国土景観、自由と公正さ、地域の独自文化を尊重するしなやかで、したたかな市民社会を形成している。市民の諸活力が農業を支え、ＥＵの中東欧への拡大が可能となる。著者が一九八六年に訪問したブタペストではチュルノブイリ原発事故による食品汚染に、同年ロンドンではＢＳＥ（狂牛病）が人間のクロイツフェルトヤコブ病の感染源であるとの報道に、市民が危機感をもっていた。日本でＢＳＥが発生する一五年前であった。

アジア諸国の農業は、さらに規模が零細である。アジア・モンスーン地域に特有の零細農耕制、つまり農民の耕作地片が入り乱れ、面として集積されない土地制度がある。こうした零細な農業構造を抱え、食料安全保障の危機感はより強い。ＥＵとは、ＷＴＯ農業交渉で共同歩調をとっている。しかし歴史と農業の差があることも認識しておきたい。アジア諸国と零細な構造を共有する日本の経験と理論は、アジアとの共生を進める貴重な知的資産である。

第6章　補助なき輸出・ケアンズ諸国における農業政策

ケアンズ諸国とは、輸出補助金を用いない農産物輸出国一三カ国のグループの総称で、貿易自由化を強く主張し、補助金付き輸出の廃止、国内支持の漸次廃止を求めている。世界貿易機関（WTO）の新ドーハ・ラウンドでは、農業自由化推進の立場から論陣を張っている。本章は、ケアンズ諸国の農業政策を理解するため、リーダー国であるオーストラリア、およびニュージーランド、カナダの先進国三カ国を対象として検討したい。ケアンズ・グループという名前は、一九八六年に第一回会議をオーストラリアのケアンズ市で開催したことに由来する。加盟国はオーストラリア、ニュージーランド、カナダ、アルゼンチン、ブラジル、ウルグアイ、チリ、コロンビア、タイ、フィリピン、マレーシア、インドネシア、ハンガリーの一三カ国である。このうち南米とアジアの途上国は、第7～8章で検討する。

1　オセアニアにおける農業政策

ステープル理論と農産物輸出

大洋州（オセアニア）におけるオーストラリアとニュージーランドの二カ国は英連邦諸国で、「英国の海外農場」「英国の牧場」とよばれた。特恵制度のもと、英国への農産物輸出を目的とし、小麦、羊毛、牛肉、羊肉などを主体とする農業を形成した。しかし一九七三年の英国の欧州共同体（EC）加盟、共通農業政策（CAP）の域内優先原則により、農産物の主要市場を失った。これまで二カ国は、一九六六年にニュージーランド・オーストラリア自由貿易協定（NAFTA）を結成し、関税と輸入制限を削減。一九八三年にはオーストラリア・ニュージーランド緊密経済関係に関する貿易協定、いわゆるCER協定を結成し、包括的に自由化を拡大して輸出補助金を排除した。こうした二カ国間地域統合で、相互の協力と統制を進め、世界市場、アジア太平洋市場への輸出を拡大した。なおニュージーランドの新自由主義改革は、蔵相名にちなみ「ロジャーノミックス」とよばれた。CER協定は、グローバル化を推進するプラットフォームとなった。

オーストラリアの国民総生産の七〇％は、サービス業中心の第三次産業で、農業比重は五％と低い。人口は一五〇〇万人とわずかで、工業を実現するまでの規模経済を確保できず、第二次産業は発展していない。広大な国土と資源を基礎とし、第一次産業により経済発展をとげた。全輸出額中、天然資源は三七%、農産物は三四%である。農業総生産に占める輸出の割合は七〇%である。

地域開発政策の基本理念は、ステープル理論である。海外市場に対し、資源利用の輸出向け一次産品を次々に交替させて持続的に成長する理論である。一九世紀の捕鯨とアザラシ漁業に続いて、小麦と牧羊業へ特化、一八七〇年代には粗放的放牧業が成長した。輸出指向の大規模農場を主体に国際競争力を形成し、経済成長をとげる。ステープル理論は、途上国のモノカルチャー農業発展論のテキストでもある。

一九〇一年、オーストラリア連邦が成立する。二〇世紀には、対英従属経済の脱却をめざし、羊肉、牛肉、皮革、酪農品、砂糖、果実など輸出産品の多角化が進展した。一九三〇年代、マレー川・マランビジー川流域を中心として灌漑・水利改良事業の農業開発が進んだ。第二次大戦後、スノーウィー・マウンテンズ計画によってダム、貯水池、灌漑水路の投資をおこない、農業生産が安定した。

オーストラリアのマーケティング・ボード

マーケティング・ボードは、一九三二年の英国小麦法を起点とし、英連邦諸国へ普及した。目的は、価格変動から農業者を保護することである。小麦、食肉、羊毛、酪農品、果実など、個別品目ごとに公社組織を設け、輸出促進、価格安定、生産者の所得保証をはかる。マーケティング・ボードは、特定農産物の販売団体であり、農業生産者を規制・拘束し、公社法により政府から財政的・

機構的に独立した組織である。これに対して、政府機関であるオーストラリア小麦庁は、販売を一元的に管理し、生産者価格が最低保証価格を下回った場合、差額補償する。費用は、生産者に賦課した課徴金より支出される。

マーケティング・ボードは、国際的な農産物輸出の促進機能をもつ。農産物貿易における英国の買い手寡占化に対抗し、交渉力を強化した。組織的に輸出価格、委託販売、積み出し命令等を統制した。また、総供給量を調整し、加工・輸出業者と交渉し、農産物を一元的に集荷・販売した。連邦マーケティング・ボードは、連邦法第五一条の対外貿易に関する規定により、輸出規制と管理を担い、供給を独占する機能すら付与された。マーケティング・ボードの理事会は、生産者代表が多数を占め、政府、産業・商業、加工・製造業者等の代表も加わって組織される。国家と農業および農業関連産業の利益を代表する組織である。活動内容には、海外宣伝・販売促進、市場調査、品質・生産性向上、研究開発の機能も含まれる。一九八六年設立のオーストラリア貿易促進庁（オーストレイド）は、「農業の考えを輸出行動へ」を標語に、アジア市場の開拓、付加価値化、投資促進等の政策を推進する。

一九九〇年代、マーケティング・ボードの規制緩和と市場指向型改革が進展した。その結果、南豪州小麦ボードが大麦の国内取引へ新規参入し、連邦小麦ボードは州穀物市場取引を開始した。また、豪食肉家畜公社やクイーンズランド屠畜公社へ集中した権限を州段階の組織へと委譲した。ビクトリア州乳製品価格統制も廃止された。柑橘果汁の国産混入率の規制を撤廃し、干しぶどう、りんご、なしの政府保証支払い、タスマニア産りんご・なしの輸送費補助等など政府介入を削減した。

多国籍アグリビジネス

輸出補助金なき農産物輸出の体制は、貿易自由化を強く主張し、国内支持の漸次廃止を求めた。その基礎は、直接投資の自由化と多国籍アグリビジネスの進展である。アグリビジネスの産業組織は、少数企業の寡占市場である。上位四企業の市場占有率（CR４）は、ビスケット製造（九五％）、ビール製造（八〇％）、澱粉加工（八〇％）、マーガリン製造（六七％）、ココア製造（六三％）等で高い。寡占化のなかで、欧米諸国の資本が参入した。トラクター製造部門のジョンディアー社、インターナショナル社、農薬製造部門のモンサント社、デュポン社、チバ・ガイギー社、食品加工部門のカーギル社、ユニリーバ社、ネスレ社等である。一九八八年の日豪牛肉オレンジ協定により、日本ハム社等の日系アグリビジネスが参入し、日本向けの高品質牛肉を生産するために、牧草ではなく飼料穀物によって肥育するフィードロット方式の牧場経営へ進出した。農産物貿易は、直接投資の増大と歩調をあわせて増大した。農業機械・種子・肥料から、穀物製粉・パン菓子加工に至る技術移転も進展した。

ニュージーランドの市場指向型改革は、税法や統制廃止により、アグリビジネスの利潤蓄積へ有利に作用した。企業の合併・併合の機会も増大した。アグリビジネスは、リストラクチャリングを進めて競争力を強化し、世界市場へ展開した。南半球の競合国であるアルゼンチンやチリと比較すると、確実で包括的な組織、経営者能力の高さが、比較優位性のキー要素である。ニュージーランドの輸出品目は、牛肉、羊肉、バター・チーズ、脱脂粉乳、羊毛、そしてりんごやキウイ・フルーツなどの果樹部門である。輸出地域は、米国、日本、豪州、英国等である。近年、中国やアジア市場が増大しており、太平洋地域への輸出の割合は約七〇％である。

2　オーストラリアの青果園芸公社

マーケティング・ボードの改革は、果樹部門で進展し、一九八八年にはりんご・なし・柑橘等品目別ボードを統合した青果園芸公社（ＡＨＣ）が成立した。九〇年代になるとアボガド・乾燥果実・ナッツ類等へ拡大し、輸出農産物は多角化した。さらに研究開発と技術普及の青果園芸研究開発公社（ＨＲＤＣ）、青果園芸政策委員会が成立した。ＡＨＣは、海外情報の収集、アジア市場開発、販売促進、青果園芸品質保証計画、ＩＳＯ取得、品質管理、世界市場計画、園芸組織化等、輸出政策を包括的に組織する公的事業体である。組織基盤は、農業者、選果・加工・流通・輸出業者から構成される。九一年公社法により、財政基盤（八六〇万豪ドル：九六年）は、第一次産業エネルギー省・農業資源経済局の課徴金、輸出手数料の徴税に依存し、自主財源は七〇〜八〇％を占めて「補助なき輸出」を財政的に支える。政府は、強力な行政指導を発揮し、公的市場調整を担うが、財政は自立している。納税者の財政負担ではなく、受益当事者への目的課徴金による直接負担、その使途の還元（イヤー・マーク）である。これらは実質的に強力な輸出援助となる。ケアンズ諸国豪州の政策手法である。

ＨＲＤＣは、研究開発を目的として、農産物・食品規格・品質支援、効率性追求、持続型技術開発、新産業立ち上げ、研究開発プログラム等の事業をおこなう。その財政基盤（一八〇〇万豪ドル：九四年）は、政府助成金（四六％）、園芸業および関連産業からの課徴金・寄付金（三四％）である。研究開発・資源管理・情報管理の三機能を融合し、新品種開発、ポストハーベスト技術の研究開発、高付加価値化、植物検疫対応、生物的防除技術の研究開発等を進める。研究開発の成果を公開し、有効な技術移転が眼目である。

ＡＨＣの組織基盤がある事業体の典型例として、ニューサウスウェイルズ州のマランビジー川灌漑リベリナ地区グリフィスにあるサマー・プロデュース社が挙げられる。同社はイタリア移民の家族所有のオレンジ選果企業（常時雇用三人、臨時雇用四人）である。ＡＨＣ・ＨＲＤＣの減農薬柑橘を生産し、五〇の契約オレンジ生産者から六〇〇〇トンを集荷し、全自動化された選別・箱詰め・低温貯蔵し、輸出業者を介して東南アジア等へ輸出する。

タスマニア州の州都ホバート南方に位置するヒューオンバレーのハンセン・オーチャード社は、家族所有の企業農場（りんご園五七ha、常時雇用一〇人、臨時雇用三五人）である。りんご品種はデリシャス・フジ・ピンクレディー等へ多角化、選果場・貯蔵庫を併設し、四人の生産者から集荷して計二五〇〇トンを出荷している。そのうち五〇％は東南アジア等へ輸出し、ＡＨＣ・ＨＲＤＣの植物検疫対応のもと、日本向け輸出へ意欲的である。

3　ニュージーランドのキウイ・ボード

世界のマーケティング・ボードは多様な機能をもつが、とくに①世界市場への販売促進、②買い手との価格交渉、③全量集中販売、④供給量調整・管理、などの諸機能をもち、その重点は国によって異なっている。ニュージーランドのボード政策は、右のうち①世界市場への販売促進による農産物輸出と③全量集中販売をめざす市場組織化を指向する。ボードは、農民の自主的な組織であり、公社である。酪農製品、食肉、羊毛、小麦、りんご・なし、キウイ等は、ボードが管理し、販売する。政府は、基本価格を決定し、生産者価格を安定化させる役割をもつ。

キウイ・フルーツ（チャイニーズ・グーズベリー）は、代表的な輸出農産物の一つで、二〇万トンが輸出され、世界市場の二三％のシェアを占める。競争相手は、イタリアやチリである。キウイ・ボードは、国家単位の集中販売ボードであり、輸出における独占的権限をもつ。海外輸出を管理し、価格を安定させる。組織は、生産者の代表によって運営されている。理事会は、生産者団体四名、商業経験者三名、消費者一名の代表で構成される。輸出業務を一本化し、生産から輸出までの競争を抑制し、生産者の利益を維持する。

農場から食卓までのフードシステムをみよう。まず生産段階では、家族農場の小規模生産者（四

ha未満）が七八％を占める。生産者は契約年間固定価格により直接販売する。次にキウイの選果・包装・貯蔵の段階では、キウイ・ボードが組織する一四八のパッキング・ハウスがある。大型の企業農場は、小規模生産者からも集荷する。ネルソン地域のワイ・ウエスト社は、四〇〇haの果樹園と選果・包装・貯蔵施設（二〇〇〇トン収容）を所有し、四五人の小規模生産者から集荷する。小規模生産者とは厳しい品質基準契約を結ぶ。さらに輸出段階は、キウイ・ボードが担当し、北米、EU、日本、アジア諸国の海外事務所・子会社は輸入業務を担当する。配荷段階は、パネリストと呼称される指定商社が担う。日本向け輸出に関しては、キウイ・ボードは九四年にドール・ジャパン社一社と代理店契約を結んだ。キウイ・ボードは、国家的な輸出独占の集中販売組織である。このように多国籍アグリビジネスとの代理店契約という選択もおこない、強固な生産・流通・貿易上の同盟や垂直市場システムを形成する。

ケアンズ諸国を代表するオセアニアの二カ国の農業政策は、マーケティング・ボードおよびその再編された公社による市場管理政策である。市場メカニズムは国家に強く管理・調整され、農産物輸出政策の傾向が非常に強い。「補助なき輸出」といったイメージから連想される「自由な市場」ではない。しかも米国やEU型の輸出補助金政策とは異なるタイプである。市場の役割と国家の役割が結びつき、国家と多国籍アグリビジネスが結びついているため、WTO農業交渉の新ラウンドにおいて貿易自由化と市場アクセス拡大を要求するのである。

4　カナダ農業と北米自由貿易協定

カナダ農業は、一九九四年の北米自由貿易協定（NAFTA）により変貌した。NAFTAは、米国、カナダ、メキシコの三カ国の協定である。地域内部の経済格差へ対処し、「電話帳サイズ」といわれるほど詳細な個別品目ごとの方策を定めている。農産品の協定分野は、市場アクセス、国内農業支持、農産物輸出補助、検疫衛生措置等の技術規制、メキシコの基礎食糧の例外規定、紛争解決パネルと多岐にわたった。

市場アクセスは、関税の削減と、非関税障壁の除去である。前者については、最恵国待遇（MFN）関税を、一九九五～二〇〇〇年の六カ年で三六％削減する。カナダが九四年のNAFTA発効までに自由化した品目は、牛肉、蜂蜜、羊肉、大豆であった。九八年までにこれにジャガイモ（SG：特別セーフガード）、タマネギ（SG）、ブロッコリー（SG）、小麦粉、果実、トウモロコシ、新鮮野菜、トマト（SG）、キュウリ（SG）、リンゴ、小麦、大麦、切り花（SG）、加工野菜が加わった。SGは、特別セーフガードの略であり、緊急輸入制限の特別税制を意味する。関税割当（TRQ）によるセーフガードは、輸入量が量的制限内の場合は低関税・無関税を適用し、最小限度量を超えると高い関税率を課する。洪水的輸入の歯止めを目的とする。自由化したとはいえ、各国農業を維持するためSGとTRQによる詳細な方策を定めた包括的地域協定なのである。

カナダ・メキシコ間の食料貿易は、カナダが小麦等の穀物・植物油を輸出し、メキシコが果実・野菜・熱帯産品を輸出する相互補完的な性格がある。ゲルフ大学のＫ・メルケ教授は、ＮＡＦＴＡの農産品部門へのインパクトを分析し、①開発途上国を含む初めての包括的な自由貿易協定であり、中南米モデルとなる。②米国・メキシコ間は、締結後一五年後に非関税となる。③メキシコの農産物輸出補助金を容認した。④カナダの輸出補助金問題を解決する。⑤メキシコの通貨ペソ下落は、トウモロコシ・小麦の輸出価格を安価とし、国際価格へ近づけた。⑥メキシコは、価格支持政策を段階的に廃止（一五カ年間）し、直接支払い政策へ移行する。⑦価格下落によるメキシコ農業生産の縮小は、カナダ穀物輸出を増大させた、と指摘している。ＮＡＦＴＡは、農業生産を特化し、域内分業を推進したのである。

菜種油産業の多国籍アグリビジネス

ＮＡＦＴＡは、「新企業設立にあたって内国民待遇を受ける」「米国企業による投資額の条件を引き上げる」等の投資自由化により、欧米を母国とする多国籍アグリビジネスのカナダに対する海外直接投資を促進した。これは遺伝子組み替え（GMO：Genetically Modified Organism）菜種、通称「カノーラ」を原料とする菜種油産業で顕著である。モンサント社のラウンドアップレディやアグレボ社のバスタ等の除草剤に耐性のある「カノーラ」は、生産費用を削減する。生産者との契約生産は、知的所有権の使用料を名目とする膨大な経済的レントを多国籍企業へもたらす。

カノーラ油産業におけるフードシステムをみよう。農場投入財段階のGMO菜種種子の提供から、農場における菜種原料が生産される。そして、カントリーエレベーターによる集荷・貯蔵、国内鉄道の港湾運輸、港湾ターミナルエレベーターへの集荷・貯蔵を経て、総合商社の買付・輸出がおこなわれる。さらに、クラッシャーと呼ばれる菜種搾油をおこなう製油企業、リファイナーと呼ばれる原料油を製品油へ加工する再加工・製品化企業の段階を経て、植物油の最終消費者へ至る一連のチェーンがある。こうしたシステムの中で、原料集荷エレベーターを掌握した企業は、クラッシャーの搾油プラントで一次加工をおこなう。カーギル社、ADM社等の多国籍企業は海外直接投資を進め、原料集荷カントリーエレベーターを取得し、搾油産業へ参入した。民族系のキャナメラ・フーズ社（市場シェア：四〇％）は、CPSフーズ社とイタリア系多国籍企業フェルッツイ社傘下企業の二社で設立された。多国籍企業ADMアグリインダストリー社（三〇％）は、ユナイテッド・オイルシーズ・プロダクツ社等を買収した。カーギル・フーズ社（一五％）は、メイプルリーフ・ミルズ社等を買収した。こうした多国籍企業の参入の結果、上位三社で市場の八五％を占有する著しい寡占構造となった。

NAFTAによる投資と貿易の制度変化は、カナダ菜種油産業が転換する引き金となった。在来・零細なカナダ植物油産業は、生産性と収益性を悪化させた。一九九〇年代における低エルカ酸低グレコシレートのBt品種は、北米消費者の健康指向と需要増大にちょうどマッチし、カナダ輸出を急増させた。技術・生産再編と消費需要の諸要因により、菜種油産業は構造改革がなされた。カナダのＧＭＯ菜種油モデルは、ＮＡＦＴＡ（一九九四年）による貿易と投資の制度革新が、多国籍企業のバイオテクノロジー・ＧＭＯの導入、世界標準の技術と経営の移転によって、農産品複合体を形成し、世界市場アクセスを急増させた典型である。ここに、ＷＴＯ農業交渉・新ラウンドにおいて、ケアンズ諸国が主張する貿易自由化論のベースとなる「農業哲学」がある。

5　国家の管理と自立した市民諸活力

ケアンズ諸国の農業政策は、一九三〇年代における英国小麦法を源流とするマーケティング・ボードおよび再編された市場公社を基軸とする。いずれも国内市場が狭いため海外輸出第一の市場政策として機能する。その際、常識的な「補助なき輸出」のイメージとは必ずしも一致しない。米国・ＥＵ型政策とは異なる手法により、市場メカニズムを国家が管理し、国内規制緩和と対外市場開放を促進している。生産者や産業が自ら負担する課徴金を財源とするなど、ＷＴＯ国際規律に適合しつつ、強力な輸出政策を展開する。多国籍アグリビジネスの市場影響力を取り込みながら、海外投資と農産物輸出の促進政策を進めている。フリーハンドな「自由な市場」論ではなく、政府の役割と市場の役割との融合論が妥当するのである。

その反面で、市場公社を支える農民は、自由で公正さをもち、経済格差が小さく、リーズナブルな食料品価格を提供し、人々は生活の豊かさを享受している。タスマニア島ヒューオンバレーのハンセン農場では、著者らを心からもてなしてくれ、農場付属のコートでご家族と同道の学生らでテニスを楽しみ交流を深めた。農村にも市民生活の成熟がみられる。デモス（民衆）のクラチア（権力）としての政治、デモクラシーが、農業者による自己管理の制度にみられる。ＷＴＯ交渉におけるケアンズ諸国の「関税削減・市場開放」の主張の基礎にある、こうした市民社会の諸活力とその成熟を、日本の食料・農業・農村を写す鏡として銘記しておきたい。

第Ⅲ部　開発途上国の農業政策

――南米・アジア

第7章　新大陸の農産物輸出・中南米の農業政策

1　豊かな自然の新大陸農業

日本からみると地球のちょうど裏側に位置する新大陸、中南米の農業は、豊かな自然を基礎に、欧州への輸出を軸に発展した。ケアンズ諸国一三カ国中、アルゼンチン、ブラジル、ウルグアイ、チリ、コロンビアの五カ国は南米諸国である。中南米は資源の大きな潜在力をもち、食料安全保障への貢献が期待される。グローバル化の中で、伝統的な輸出産品（コーヒー・砂糖・バナナ・綿花等）のモノカルチャー農業から脱却し、果実・野菜・花卉・食肉（牛肉）・油糧種子（大豆）等の非伝統的農産物輸出へ転換した。多国籍アグリビジネスの参入と輸出農産物主導の地域開発では、米・小麦・トウモロコシ・イモ等の基礎作物の生産が軽視され、輸入食料へ依存したため、自給率は低落した。社会的公正の視点から、食料自給、小農型農業・農村振興等、持続可能な内発的発展が今後の政策課題となる。アジア型地域開発モデルの展開、JICA・日系企業の役割等、新しい中南米農業援助のあり方が問われている。

中南米のフードシステム

ブラジル人の食卓は、多彩な食材と料理であふれている。イモを主食とする料理、米の油食煮、フェジョン豆と豚足の煮物、牛肉のあぶり焼き、バナナ、オレンジなどの果物、野菜が加わって、色彩豊かな食卓ができあがる。フードシステムは、農場から消費者の食卓へ至る一連の流れ、食料の異なる段階の垂直的枠組みを意味する。それは農業生産、食品加工産業、食品流通業、食料消費の段階を結びつける。

フードシステムは、食料という生命にかかわる有機物の生産・流通・消費を統合するという特質をもつ。最下流の食料消費は、栄養成分や腐敗性などの有機的特性を、最上流の農業生産は、土地利用や土壌・気候等、自然の恵みの有機的特性をもつ。両端の有機的内容は、三つのPを不可欠な属性とする。調理・加工（preparation）のP、保管・貯蔵（preservation）のP、包装・容器（packaging）のPである。食料は、「身体の代謝過程の燃料」である。したがって農場から食卓まで有機的に組織され、かつ生命を養う広い普及性をもつことになる。

北米の食品産業は、国際貿易と海外投資により中南米へ進出し、多国籍企業となった。米国本社と子会社間貿易は、北米と中南米との食品貿易総量の二四％を占める。北米自由貿易協定（ＮＡＦＴＡ）と地域統合は、輸出指向型の海外投資を増大させる。食品は「最も伝統的な閉ざされた財」

であったが、グローバルな世界標準とローカルな地域食文化を融合させ、「多くの国民に開かれた財」の一面をもつに至った。

中南米の伝統的な食文化は、トウモロコシやイモなどの粉食文化である。トウモロコシ、フリホル豆、ユカイモ、ジャガイモなど多様な粉食と、バナナなどの熱帯果実が食される。欧州の旧宗主国は、小麦・パン・パスタ食や米食、西洋野菜・果実、肉用牛と搾乳、豚・鶏食、ビール、コーヒー、ハンバーガー、コーラへ至る、さまざまなものをもちこんだ。こうして伝統食と外来食の二つが融合した。

ラテンアメリカ地域の総人口は、四億九四〇〇万人（一九九七年）で、一人当たりGNPは三八八〇ドルである。GDPに占める農業の比率は一〇％で、人口一人当たり耕地面積は〇・二八haである。所得分配の不平等度を示すジニ係数はブラジル六〇・一％等とかなり高く、各国とも巨大な所得格差がある。食料消費は、低所得国では安価な穀物、イモ類、澱粉質への依存度が高い。所得上昇につれて、動物性食品・油脂・砂糖・小麦等の需要が拡大した。さらに調理済み食品や加工食品も増え、その結果、付加価値型食品の輸入が増大している。

2　中南米の農業政策

農産物輸出と小農振興

中南米の農業政策は、大規模農業を育成する農産物輸出政策と、小規模農民を育成する小農振興政策の二系列をもつ。第一の農産物輸出政策は、アグリビジネスと大規模農場に主導され、輸出用の商品作物の生産を振興した。効率性と農業のモノカルチャー化、国際競争力の向上を追求する近代化路線である。伝統的輸出作物のコーヒー・さとうきび・綿花等から、一九八〇年代以降には非伝統的輸出農産物の大豆・食肉・果汁・果実・野菜・切り花へ転換した。第二の小規模農業振興政策は、農地改革や入植開拓である。小農を育成し、自給生産の振興、技術移転や構造改革をおこなった。基礎食糧の小麦・トウモロコシ・米・イモ・豆等が対象である。

農業政策の原型は、一九三〇年代におこなわれたコーヒー・砂糖など輸出農産物の価格政策である。ブラジル政府機関のコーヒー院は、供給調整、輸出価格維持、最低保証価格の買入を一九四四年まで継続した。これは、五九年の国際コーヒー協定による国際需給調整の源流となった。ブラジル政府の砂糖・アルコール院は、生産割当（コッタ）制を実現し、生産者買上価格を定め、金融支援や技術指導を実施した。大農育成の農産物輸出政策は、中南米農業政策の柱である。

一九六一年、J・F・ケネディー大統領が提唱して中南米諸国の政策ガイドラインとなったプンタデルエステ憲章は、「農業改革は、大土地所有を公正な土地保有制度におきかえ、土地で労働する人々に、経済的安定と福祉、自由と尊厳を与える」とした。未利用地へ殖民開拓し、小農を育成した。メキシコ農地改革は、共同体的土地制度「エヒード」を創出し、「緑の革命」と小麦改良品種へ転換した。六三年パラグアイ農地法は、農村福祉院（ＩＢＲ）を創出し、国有地・私有地への開拓入植を進め、小農を育成し、自給作物を振興、小農型の地域開発政策を進めた。六七〜七三年にチリのフレイ・アジェンデ両政権は、農地改革により、九一三万haの土地の所有権を再配分し、家族農業による集約的果樹経営を創出した。六五年の中米における食糧自給を定めたリモン議定書は、主食の価格安定による生産共通政策を実施した。社会的公正のための小農型政策の流れである。

市場指向型の農政改革

市場指向型の農政改革は、八五年のＧ５プラザ合意による構造調整プログラム（ＳＡＰ）のもとで開始され、輸出主導型の農業政策へと転換した。メキシコは五三年から継続してきた基礎穀物一二品目の価格保証制度を、八九年に一〇品目に関しては廃止し、かろうじてトウモロコシ・フリホル豆の二品目を残存させた。九一年にアルゼンチンの小麦等の農産物輸出税（リテンショネス）が、九三年には農業投入財輸入税は撤廃され、貿易自由化と農産物輸出に拍車がかけられた。

欧米間の「シリアル・ジレンマ」と米国の農業不況によって、米国産穀物の輸出と競合する中米諸国における食糧増産援助は強い非難を浴びるようになった。一九八六年に米国は対外援助法を改正し、米国国際援助機関（USAID）は、自国の輸出農産物と競合する農業援助を禁止した。これにより米国産穀物が急速に中南米へ輸入されるようになった。そこで中南米諸国では新たな輸出品目として果実・野菜・花卉等の、いわゆる非伝統的農産物輸出の開発をはかった。

中米の主な輸出向け非伝統的農産物は、生鮮果実（パイナップル・メロン：二三％）、切り花・観葉植物（一九％）、生鮮野菜（サヤインゲン・ブロッコリー：九％）である。冷蔵・輸送等の高度な流通施設を備えた多国籍アグリビジネスが参入している。メキシコの冬野菜、コロンビアの切り花、チリの生鮮果実、ブラジルのオレンジ果汁等である。付加価値産品の開発により、基礎食糧・穀物の生産は軽視され、米国の輸入穀物への依存を次第に高めていった。

3　地域経済統合のインパクト——南米南部共同市場

南米南部共同市場（MERCOSUR）は、九一年のアスンシオン条約により九五年にブラジル、アルゼンチン、パラグアイ、ウルグアイ四カ国で発足した。域内関税の撤廃、共通の対外関税をもつ関税同盟で、労働・資本の自由化、政策協調をめざす。九六年にチリ、九七年にボリビアが準加盟、人口二億人、GDP七七五二億米ドル、中南米経済の六割を占める、コノ・スル（南米南部円錐地域）を形成した。域内貿易は進展し、アルゼンチン・ブラジルは、域外へ農産品、域内へ工業製品を輸出する。海外直接投資は増勢し、多国籍企業が活性化した。民族系企業・中小企業も海外進出した。食品の域内関税が撤廃され、二〇〇一年には対外共通関税の全品目化、「原産地の原料・資材を使用する」域内調達も進んだ。

ＭＥＲＣＯＳＵＲによる地域経済統合を受けて、アルゼンチンは、ブラジルに対する自国産の小麦の輸出を急増させた。また穀物、牛肉・酪農製品、綿、野菜・果実等の資本・労働集約品で比較優位となる。ブラジル国境地帯には、輸出食品加工業が成長し、そこへ原料を供給する農業が発展した。他方、ブラジルは、小麦・穀物等の輸入が増大、比較優位のある豚肉・鶏肉製品、砂糖・コーヒー・大豆植物油・オレンジ果汁等の農産加工業へ比重を移し、アルゼンチン向け加工食品の輸出を増加した。アマゾン川・パラナ川の水運・運輸の技術革新は、原料産地を内陸部化し、農産加工産業へシフトさせた。チリは、生鮮果実の世界的な輸出国として、近接諸国へ市場を拡大し、近接大市場を確保した。農業・農産加工食品の部門特化と域内分業が進展した。しかし、パラグアイやボリビアなどの小国は、これら農産品の輸入が急増し、食料自給率は低落、自国農業は窮地に立たされている。

４　多国籍アグリビジネスの参入

第３章（ＯＬＩ理論）のように、中南米の多国籍アグリビジネスは、食料輸出戦略・市場指向を特徴する。海外直接投資（ＦＤＩ）とＭ＆Ａ（合併・取得）により、海外子会社を設置し、世界標準の技術と経営を移転した。地域貿易協定は、FDIと市場を拡大した。穀物部門のカーギル社は、ブルジル、アルゼンチン、チリに拠点をもち、穀物・大豆・牛肉生産農民（カルヒレージョス）を組織する。ADM社は、アルゼンチン、ブラジル、メキシコに拠点をもつ。食品加工業ではメキシコのビール産業や製パン業、ブラジルのコーヒー産業や砂糖産業、オレンジ果汁（FCOJ）等へ多国籍企業が参入し、アルゼンチンでは食肉産業などが成長した。生鮮メジャーではチリの多国籍企業が、落葉果実の先端技術の導入、流通施設の整備、世界市場へのアクセスにより、地域開発を進展させた。

多国籍アグリビジネスの参入による地域開発には、強靭性と限界性との二面がみられる。第一の強靭性は、海外直接投資を通じて、世界標準の技術と経営を途上国へ定着させた。その結果、こうした国の農業は高品質や北半球との季節差、保管・運輸技術等によって比較優位性を発揮し、世界市場へアクセスするようになった。それは波及効果を生んだ。各国は外貨を獲得し、国際収支を改善し、マクロ経済を安定させたのである。さらに雇用機会を生み、失業者を吸収し、地域社会を安定させた。第二の限界性は、基礎食糧の国内自給率が低落し、食料安全保障が危機となったことに示される。また、モノカルチャー農業が形成され、環境と生態系の負荷を増大させた。あるいは近代技術と伝統技術とのギャップも生じた。そして開発から取り残された後進地域との「開発格差」が拡大し、社会的公正が問題となっている。こうした限界性を克服する地域開発政策が求められる。

5　農水産物の開発

穀物とブラジルの大豆

中南米地域全体の穀物総生産は、表7-1のように一九九〇年代前期の一億一〇九三万トンから、九〇年代後期の一億三〇三九万トンへ、一七・五%増加した。増加率は、アルゼンチンの三六・八%が高い。中南米の主食であり、粉食文化の中枢をなすトウモロコシは穀物全体の五七%を占め、七四一一万トン、二〇・五%増加である。パンやパスタ食、パエリア・アロース・リゾットの油食煮などの米食が増えたこともあって、米は二〇八三万トン、二〇・五%増加した。欧州の旧宗主国がもちこんだ小麦は、二二六八万トン、一一・九%の増加である。

穀物輸入量（うち小麦四三%）は、三〇%急増した。メキシコ八九五万トン、ブラジル八七六万トン等が大きい。穀物輸出量は六二%急増した。アルゼンチンの穀物輸出は五五%増加し、一億七七四〇万haの農地で、小麦・大豆の二毛作をおこなっている。農産物輸出税を撤廃し、生産費が低下したため、小麦の国際競争力は強化され、ブラジル向け小麦輸出を急増させた。中南米の穀物自給率は、九〇・五%を維持しているが、域内格差は大きく、中米・カリブ諸国等は自給率を低落させた。伝統的食文化も依然として強固である。

大豆生産は、世界一位の米国（七八七〇万トン：世界の四九%）に次いで、二位ブラジル四一六〇万トン（二八%）、三位アルゼンチン三〇〇二万トン（一三%）である。ブラジルの中西部三州の風

表7-1　中南米地域の穀物生産と穀物貿易

（単位：千トン）

中南米の穀物		中南米合計	主　要　国		
			メキシコ	ブラジル	アルゼンチン
穀物生産	(1990～91年)	110,931	25,626	40,420	23,496
	(95～99年)	130,388	28,503	46,313	32,138
	増減率(%)	17.5	11.2	14.6	36.8
小麦生産	(95～99年)	21,680	3,382	2,400	13,212
米生産	(95～99年)	20,834	425	10,006	1,143
トウモロコシ生産	(95～99年)	74,114	18,200	32,947	14,000
穀物輸入	(95～99年)	34,550	8,947	8,758	80
穀物輸出	(95～99年)	20,854	417	206	18,189
穀物自給率(%)	(95～99年)	90.5	77.0	84.4	229.1

資料：国連食料農業機関（FAO）"FAOSTAT"会員登録データより.

化し酸性化して硬質化した土壌地帯「セラード」に、ＪＩＣＡは「日伯セラード農業開発協力事業」（プロデセール：一九七九～二〇〇一年）にもとづいて、約五億万米ドルを投下し、三四・五万ha農地を開発した。セラードでは大豆一〇万ha、トウモロコシ三万ha、フェジョン豆〇・九万ha、米〇・九万haを生産する。日伯合弁の農業開発公社（ＣＡＭＰＯ）は、農民を入植させ、七一七戸の中規模（三〇〇～一〇〇〇ha規模）家族農場を育成した。農協が組織され、ＪＩＣＡ・ＪＢＩＣ資金・資材供給、技術協力、営農指導を推進した。モノカルチャーによる環境負荷を回避し、法定保留地、等高線畝、輪作、不耕起栽培（六〇％普及）など、持続可能な農業開発を進めた。

セラードで生産した大豆は海外へ輸出される。アマゾン河中流のイタコアチアラ港から積み出すことで、内陸輸送費を削減している。そして河港へは多国籍アグリビジネス（カーギル社、ＡＤＭ社）が進出し、農業関連産業が発展をとげた。大豆搾油プラント（ＣＲ９：五八％）は、中小規模を含み九六カ所を数える。大豆の国際競争力は高く、一ha収量（二七三六kg）は米国と匹敵する。六〇kg当たりの生産費用は、米国一一・八六ドル、ブラジル六・三四ドルである。二〇〇一年産の大豆・大豆製品の輸出総額は五二億ドル、そのうち大豆（四三％）は欧州・日本へ、大豆ミール（畜産飼料用等：四七％）は欧州・中国へ、大豆油（一〇％）は南・西アジア・中国等へ、それぞれ輸出している。

アルゼンチンの牛肉

一九二〇年代にアルゼンチンは、世界牛肉輸出量の六一％を占めていた。しかし戦後、ＥＵのＣＡＰによる牛肉自給政策の結果、七八年一〇％、九九年五％へと低落した。牛肉調整品は世界の一六％（九九年）である。畜産は、肥沃な穀倉パンパ地域（五五〇〇万ha）に展開し、三八万経営体（ＥＡＰｓ）の三一〇〇万ha耕地（一戸平均八二ha）で、肉牛四九〇〇万頭を飼育する。肉牛生産方式（屠畜総数一二〇〇万頭：枝肉二七〇万トン）は、放牧主体のグラスフェッド（牧草で肥育された肉牛：九〇％）と穀物・フィードロット肥育（穀物で肥育された肉牛：一〇％）と、放牧が圧倒的に多い。肉牛一頭当たり重量は四五〇ポンド（約二〇四kg）と低い（日本では一頭当たり枝肉重量四一五kg）。上位四企業占有率（ＣＲ４）も八％と低い。九九年には牛肉三四万トンを輸出したが、〇一年の口蹄疫（ＦＭＤ）再発によって、肉類輸出は減少し、最近ようやく回復しつつある。

アルゼンチンのスイフト社（一九〇七年創立）は、一九八〇年にキャンベル・スープ社に買収され、九九年には地元資本が買い戻した。売上高一億六〇〇〇万ドル、雇用者一九三〇人、製品の六四%に当たる八五〇〇万ドルを輸出する。ISO9000、HACCPを取得し、製品のブランド化を進めている。最新鋭のロザリオ・プラントは、屠畜（日産一六〇〇頭）、冷蔵、デボーン（骨除去）・カット、副産物・スプレッド、特殊カット、冷凍調理肉、缶詰肉、の各工程を一貫システムで処理できる。冷凍加工肉（輸出五〇%）、コンビーフ肉缶詰加工製品（七一%）、生鮮牛肉、チルド肉、ソース・ブイヨン用加熱加工・煮沸肉を、米国、欧州、日本等へ輸出する。

チリの生鮮果実とブラジルのオレンジ果汁

生鮮果実を輸出の柱とするチリ・モデルは、土地改革、国家主導型プログラム、急速な自由化などを発展の要因とした。土地改革は、中小規模農民の企業家精神を成熟させ、アグロノミストの技術・知識を受容し、多国籍企業との契約生産を可能とした。また国家開発公社は、民間投資を誘発し、流通・貯蔵施設を整備、カリフォルニア大学の最新技術を移転した。さらに新自由主義改革は、貿易と投資の障害を取り除き、農牧畜公社の研究開発を促進し、高品質の世界市場輸出を促進した。チリ・モデルは、流通施設を掌握した多国籍企業をチャンネル・キャプテンとして、生産から流通・加工・貿易へ至る垂直的な統合を進め、中小規模農民を契約生産で組織化し、新しい可能性を開いた。

冷凍濃縮オレンジ果汁（FCOJ）の輸出で世界をリードするブラジル・モデルは、多国籍企業が原料オレンジ生産から果汁搾汁加工、さらに国内・国際運輸のフードチェーンを把握する。果汁業者と生産農場は、中期間契約を締結し、世界需給を反映するニューヨーク綿花取引所価格を基準に、原料価格を決定する。タンクローリー、専用タンカー、港湾保管倉庫の一連のチルド・チェーンは、NY先物価格・サントスFOB価格が連動する国際価格連鎖を形成した。多国籍企業は、在外子会社を設置し企業体の組織化、寡占系列化を進展させた。ブラジル・モデルでは、食品製造業がチャンネル・キャプテンとなり、加工・保管・貯蔵・運輸を含む技術革新を押し進めた。市場支配力が、国際地域開発の原動力である。

チリ・ペルーの水産物輸出

世界の水産資源は一億二〇〇〇万トンであり、南米・カリブ諸国は約二五〇〇万トンである。ペルー海流・湧昇流（水産資源約八五〇〜一〇〇〇万トン）にはアンチョビ・アジ・イワシが、チリ・フンボルト海流（同六〇〇〜八〇〇万トン）にはミール原料がうち八〇%・白身魚が一〇%、アルゼンチン・南極・フォークランド（同八〇万トン）にはイカ類がうち四〇%・白身魚が五〇%がある。日本の水産物輸入は、チリからはぎんざけ二億三八九〇万ドル（輸入総量のうち九六%）・ます一億二七九七万ドル（五四%）・魚粉七五六一万ドル、ペルーからは魚粉一億三五三四万ドル（五一%）である。南米の水産資源は、漁獲努力量（船籍数）、漁獲能力（一隻当たり能力）の過剰によって、枯渇してきた。漁獲・養殖環境が悪化し、「磯が焼けた」と言われる不確実性と危険性が増大した。

今日では養殖業と資源管理による持続可能な水産資源利用が課題である。

日本水産株式会社（売上高四八二九億円）は、二〇〇一年にゴートンズ・ブルーウォーター社（水産調理冷凍食品）を買収、海外売上高比率を一一％へ高めた。チリとアルゼンチンには、現地資本との合弁企業（出資四五：五五）の連結子会社を設立し、一二五億円の内部売上高をあげ、グローバルサプライチェーン（ＴＧＬ構想）を構築する。日本水産社は、白身魚（ホキ、南タラ、メルルーサ等）供給を重視し、すり身加工からフィレー・ブロック加工へシフトした。水産庁やＪＩＣＡの国際協力を得て、チリの鮭養殖事業を進め、二〇万トンの実績を挙げている。さらに海面養殖では、メルルーサ（深海海洋性）、ターボット（平目類）、アラ（ハタ類）等へ魚種を多様化した。資源保有国との国際協調、現地企業との共生の関係を持続し、養殖技術を進歩させ、水産資源の持続可能な開発を前進させている。

6　持続可能な内発的発展

中南米の農業政策は、ＡＢＣ諸国などのケアンズ諸国を中心に、豊かで未利用の自然と土地資源を活用して輸出向け農産物を開発する政策を推進した。多国籍アグリビジネスは、労賃の安さを基盤に、効率的なシステム化を進め、低コスト食料供給を可能とし、世界食料市場の地図を塗り替えた。しかし限界もある。開発から取り残された国、開発ギャップに直面する低開発地域では、貧困、飢餓、低栄養問題が未解決である。

一九九二年、地球サミットのリオデジャネイロ宣言は、「持続可能な農業開発」、自然との共生、住民による内発的発展を提起した。パラグアイの土地資源再配分、小農型開発をはじめ、基礎食糧生産にプライオリティをおく、資源循環型社会とバイオマス開発、先端と伝統の技術融合、住民参加型のＮＧＯ・協同組合の育成などの新しい課題である。ここに新しい日本の国際協力の役割がある。アマゾン河下流域のアグロフォレストリーは、立体空間のなかで樹木・農産物を垂直的に利用し、バイオマスの総生産を高める。それは「モデュロ」と呼ばれる複合的な森を再生する。米やトウモロコシ、イモ、バナナ、オレンジ、クプアス、マンゴーなど生物多様性を確保し、自然の恵みである地球環境と共生する持続可能な開発である。

第8章　米自給と農産物貿易・アジアの農業政策

1　米自給から個性化するアジア農業

東アジアの戦後農地改革は、自作農を創出し、食糧増産をもたらした。東南アジアの「緑の革命」は農業生産性を向上させ、米自給を達成した。自作農の米自給と農村労働力の都市流出は、「東アジアの奇跡」と言われる経済成長の基盤となった。しかし経済成長は、食料の消費を多様化させ、日本、韓国、台湾等では、米は自給するものの、小麦・トウモロコシ・大豆等の農産物輸入が進展し、食料自給率は低落した。他方、東南アジア諸国は、米を自給しつつ、タイの米・キャッサバ・エビ、フィリピンの砂糖・バナナ、マレーシアのパーム油、ベトナムの米・コーヒー等の輸出が開発政策の基軸となった。アジア諸国は、米自給を共通軸としながらも、農産物の輸入国と輸出国とへ、その進路を個性化して分かってきた。周知のように、タイ、フィリピン、マレーシア、インドネシアの四カ国は、ケアンズ諸国である。

本章は、中国の農業政策の展開およびWTO加盟下の食料総合戦略、フィリピンの農地改革とバナナ多国籍企業の地域開発、タイのエビ産業の多国籍アグリビジネスとマングローブ林の環境保全について、以上三カ国をとりあげて検討をおこなう。

2　東アジア農業における農地改革

日本、韓国、中国、台湾は、戦後に農地改革と自作農創出を進めた。農地改革は、零細自作農を創出し、農業生産への意欲を高めた。食料供給力を増大させ「農村の貧しさ」から解放した。さらに、労働力の供給基盤をつくり、経済成長を支えた。『東アジアの奇跡』(世界銀行：一九九四年)である。国ごとにみると、日本の農地改革は、一九四五年一二月のGHQによる「農地改革についての覚書」を起点に、四六年四月の一次改革、四六年一〇月の二次改革をへて五〇年八月に完了する。韓国では、四八年に接収旧日本人所有地(三〇万ha)の小作農への売り渡し、五〇年に旧韓国人地主農地の売り渡しにより、自作農を創出した。台湾では、五一年に耕地三七五減租条例によって小作料を定額化し、四八~六一年の日本人所有地の払い下げ、五三年の耕作有其田条例の売り渡しにより、自作農を創出した。中国においては、土地改革として、華北・西北・東北における農村革命の進展を踏まえ、五〇年土地改革法により土地を無償没収し、貧農へ公平に分配した。

農地改革は、自作農の創出、小作権の確立・小作条件への公的規制等という成果と、経営規模の零細化という限界をあわせもった。零細自作農は、経済成長のなかで、農工間所得格差、労働力流出・兼業農家化、農地流動化の困難、国際競争力の低下等の問題を抱えた。国際化する市場経済へ適合し、自立的な経済単位として個を強化し、経営的に安定する上で、構造的弱さをもっていたのである。東アジア農業は米自給を実現したが、日・韓・台は、多様な品目の農産物輸入を進展させ、食料自給率を低落させた。農地改革を起源とする東アジア農業に共通する農業構造の変革と再生が課題である。

3　中国における農業政策の展開

人民公社から生産責任制と社会主義市場経済へ

中国の土地改革（四九～五二年）は、一戸当たり〇・九三ha（一四・二六ムー）の土地を与え、自作農を創出した。五三～五七年の農業協同化は、生産互助組から初級合作社、高級合作社へと進んだ。農民は土地を出資し、統一経営・共同労働を実施した。五六年には私有制が廃止され、土地は集団所有となる。五七年の平均規模は一四五ha、五八～七八年になると人民公社は大型化し（平均農家数：五四四三戸、平均規模：四五二三ha）、生産財を公有化した。農民は意欲を損ね、農業の発展は停滞した。六六年の文化大革命は、農民の家庭副業や自留地を否定、人民公社は活力を失った。七八～八四年にかけて人民公社は解体され、土地の利用権を個別農家へ配分し、「（農家）生産責任制」と農産物の自由処分を認めた。土地や水利施設は村集団が管理した。生産主体は、個人農となった。農地貸与期間は、上限なしの一五年以上で、事実上の自作農である。農産物卸売市場も増加し、政府による統一買付・割当買付は縮小された。

九三年、「社会主義市場経済」の原則による農業の市場経済が始まった。政府は、経済主体の自主権を保障した。国家の間接管理である。一九九三年農業法は、農業・農村の現代化をめざし、生産責任制、農業サービス体系、共同富裕化、価格・流通改革、生態環境保護、郷鎮企業強化、農業技術普及、都市農村の格差是正を目的とした。

食糧管理制度の政府買い付けから価格自由化へ

食糧管理制度は、直接統制から間接統制へ移行した。都市住民への配給では政府が全量統制する統一配給システム（七八〜八四年）が敷かれていたが、自由市場流通による政府統制の空洞化（八五〜九〇年）、価格自由化（九一〜九四年）と最低保護価格の政府買い付けが進み、やがて、省長責任制（九五年〜）と地域食料の需給均衡へと変化したのである。政府系食糧企業は、予約買入制度により、都市住民用の食糧を五〇〇〇万トン程度購入するようになり、食糧流通は原則自由化した。食糧総生産量五億トンのうち商品化率は三〇％程度で、そのうち自由市場流通は六五％、総量の七〇％は農民の自給用（食用・家畜飼料）である。

食糧自給計画は、自給率九五％の基本自給をめざしている。生産目標は農民の自給を含む「国民一人当たり四〇〇kgの生産」である。都市一人当たり食糧消費は、八五年の一三五kgから九九年の八五kgへ減少した。食生活の多様化が進展し、一人当たり肉類供給量は、九八年三三・二kg（日本二八・〇kg）である。

九七～九八年の食糧貿易をみると、米・トウモロコシ輸出が増大し、小麦・トウモロコシ・米輸入が減少しており、四〇〇～五〇〇万トンのプラスの純輸出入量である。国際食糧貿易は、主要食糧を、政府計画と国営穀物貿易会社の管理独占におく。輸入価格は国内価格と断絶している。輸入穀物・国内販売価格、および輸出穀物・買付価格は、政府買付価格である。輸入を制限し、輸出を促進する機能である。

二〇〇一年一二月のWTO加盟にしたがい、全国的には食料自給を基本目標としつつ、人口密集地では食料不足だが、購買能力のある沿岸部（東部）は国内産地からの広域流通と安い輸入食糧に依存するという「自給と輸入」の併存戦略をとっている。そして食料貿易収支バランスのため、沿岸部（東部）は、果実・野菜・加工品等の付加価値産品の農産物輸出基地化をはかる戦略とした。国境を越えた食料総合戦略である。

日本の中国への投資と食料基地開発

中国政府は、食糧自給を基本とし、これに戦略的輸出を結合した。食糧生産力の地域格差が大きく、揚子江南方地域は減産傾向にあり、北方の食糧を南方へ調達する「北糧南調」となる。中国沿岸部では畜産飼料を確保することすら困難となってきた。食料の戦略的輸出は、比較優位性のある米・トウモロコシから、野菜、果実、水産物、食肉等の労働集約産品・加工品の付加価値戦略へシフトした。アグリビジネス開発戦略は、沿海部の経済先進地域一〇省へ集中立地した。これと同時に、一定量の食料輸入は避けられなくなった。食料の国際運輸コストは、国内運輸コストを下回る。中国のWTO加盟と、国内市場の整備は、新しい食料戦略を促進しつつある。

海外直接投資は貿易を促進させ、貿易指向型をとる。外国投資は、「三資企業」の方式で、中外合作企業、中外合資企業、外資企業の形態をとり、いずれも有限責任会社である。日系アグリビジネスの外国投資は、食品加工業を発展させ、戦略的輸出を増加させた。果実・野菜製品の開発輸入を進め、多国籍企業化の傾向を強めた。しかし、市場が未成熟なために、品質と価格が不安定であり、原材料の調達リスク・不確実性の限界が生じている。日系食品企業の直接投資戦略は、原材料など資源の獲得、労働力の確保を目的とし、市場販売経路は、対日輸出が七〇%を占め、さらに国内・第三国輸出も拡大した。主な投資目標は、国際生産ネットワークの再構築にある。

野菜原料生産地域の市場は、作付面積と価格が連動して変動する。日系食品企業の原料調達は、市場ブローカーの手数料が嵩むため、農民からの直接買付や、省政府担当官の品質検査、および直営生産の実施等の対応をとる。持続的生産には、成熟した市場システムの形成が不可欠である。安定生産、市場情報、リスク管理が重要となっている。

先端技術と伝統技術を融合した生態系農業

二一世紀における環境保全型農業、中国の表現では生態系農業は、生物の多様性と相互作用を活かし、生態系と物質循環系とを尊重しながら、先端技術と伝統技術を融合する農業システムである。エネルギー代謝・廃棄物利用を重視し、農・林・畜・漁を一体化し、効率的な循環体系を創出し、生態環境を保護する。具体的には、林業の環境負荷軽減、混作・輪作・立体農業、生物系廃棄物の多層循環システム、農薬・化学肥料に代替する食料生産方式を意味している。

九〇年代の社会主義市場経済のもとで揚子江下流域、江蘇省南部の太湖は、富栄養化した。蘇南モデルの郷鎮企業の工場排水負荷量が増大し、農業化学資材、畜水産餌料、都市型廃棄物が流入し、水質の窒素循環がくずれたためである。この地域では生態系農業と工業クリーン化が課題である。実験的に四つの方式がとられている。第一の有機物質循環システム（蘇州市張庄村の草基魚塘）は、農業・畜産・漁業を結合する伝統的農業モデルで、有機質を生産・回収・循環利用する。第二の立体農業システム（蘇州市東山村の立体栽培）は、傾斜地のミカン・茶・モモなど土地を効率的の利用し、収入安定化の生物多様性農業モデルである。第三のエコ・アイランド・国家企業システム（蘇州市西山の国家農業公園：二〇〇ha）は、国家資本により、オランダ式ハウス、観光果樹園、家畜飼育場、水産養殖場、動物系廃棄物の肥料化、用水循環管理施設など、大規模企業型農業モデルである。第四の外資導入・技術移転（上海グリーン工程基地）は、緑色有機食品とグリーン農業モデルとなり、畜産廃棄物利用の有機肥料を生産し、土壌改良と河川水質の保護に貢献する。外資導入型農業である。

水環境の保全・修復政策としては、排水の規制と処理、節水・水循環利用、汚染者負担（PPP）の上下水道料金、郷鎮企業の廃棄物資源化、生態系農業、生物系廃棄物の資源化、生活系排水の削減と下水道処理、等の総合的政策の確立がめざされている。

4　フィリピンの農地改革と包括的農地改革法

東アジアの農地改革は、七〇～九〇年代にフィリピンの農地改革へ波及し、自作農創出と「緑の革命」、生産力の発展を推し進めた。マグサイサイ大統領が定めた一九五五年農地改革法は、米とトウモロコシ農地に限定され、地主保有限度を個人三〇〇haとしたが、実効性をもたなかった。マカパガル大統領による一九六三年農地改革法は、耕作者への土地移転を明文化したもので、地主保有限度を七五haとし、収穫を地主と小作で折半する刈分小作農を定額借地農へ移行させるとした。だがこれも実効性がなかった。マルコス大統領の一九七一年農地改革法は、刈分小作農から定額借地農へ強制転換し、地主保有限度を二四haとし、協同組合を組織した。七二年の戒厳令と小作農解放令によって、土地所有権の小作農への移転、地主・小作人確定、土地移転証書の交付は進展した。実績は少ないが年賦償還後の解放証書交付も定めた。こうした農民の地位向上は、「緑の革命」による新品種の導入、灌漑施設普及などの技術革新を生み、食料自給と地域開発政策を前進させた。

八八年、アキノ政権の包括的農地改革法は、すべての農地を対象とし、地主保有限度を五haとした。受益農民は、土地償還資金を三〇年均等年賦（利子六％）で支払う。多国籍企業の経営する農園は農地改革の対象とされ、対応を余儀なくされた。これにより、法人農場の土地を労働者へ分配し、労働者協同組合の集団的所有を認め、労働者への株式譲渡を規定した。こうしてプランテーション農業労働者の地位は向上した。

バナナ産業と多国籍企業

フィリピンのバナナ産業は、生産量世界第三位、日本向け輸出量が大きな割合を占める。デルモンテ社、ドール社、チキータ社といった多国籍企業と、日本の総合商社・住友商事社の四社による寡占状態（CR4：九八・五％）が続いたが、チキータ社は九四年に撤退した。

バナナ多国籍企業では、香港子会社が貿易手形決済をし、現地子会社が農場と生産・販売契約、技術協力、輸出をおこなう。バナナ農園には、多国籍企業の直営農園、契約生産のフィリピン法人農場、契約生産の小規模農民、以上三つのタイプがある。

パルセラ・システムとは、プランテーションを二五～五〇ha規模の小単位へ分権化し、経営・管理をおこなうものである。デルモンテ社の現地子会社・フィルパック社は、法人農場と契約し、大規模農園を、最大三〇haのパルセラ単位へ分割し、労働者は一単位を三～四人で担当、労働特化するスペシャル・タスク型である。ドール社のバナナ・ガーデニング・システムは、現地子会社・スタンフィルコ社が小規模生産者と直接契約し、大農園を七～八haへ規模分割、一人の労働者が基幹六作業をおこなうマルチ・タスク型である。農薬散布、施肥、灌漑等は、会社一括運営である。住友グループは、現地合弁事業のダバオ・フルーツ社が、当事者として小規模農家と生産契約し、各農家が生産責任をもつ方式をとる。

一九八八年包括的農地改革法へ対応した、各現地法人農場は、農業労働者へプランテーションを分与・分権化・権限委譲した。多国籍企業は農民の協同組合と長期栽培契約を締結し、バナナ納入方式へ移行した。直営型より、風害・病虫害被害のリスク管理、市場供給量管理が可能となった。所有権の取得をともなわない、契約的な垂直的調整である。

5　タイのエビ産業

多国籍アグリビジネス

タイ・エビ産業開発の四つの推進力をみよう。第一に食品加工業のアグロ・インダストリー政策は、政府投資委員会（ＢＯＩ）主導の海外投資を促進した。政府・ＢＯＩは、農産工業特別地域を設定し、エビ類（内水面養殖・ブラックタイガー種）・魚類缶詰・水産物加工品等の輸出基地を創成した。第二に日本資本の直接投資は、日本向け水産加工品（エビ冷凍品・調理食品）の技術移転を進め、輸出指向型の国際的水産加工基地をリードした。第三にエビ養殖の総合農協は、国家政策の媒介装置として機能し、資金・資材の供給、マングローブ林開拓、地域環境資源の管理をおこなっている。第四にエビ養殖業者は、開拓農協から土地を分与され、政府資金とアグリビジネスの技術・資材も供給されて、エビを生産・販売した。だが、このような高密度集約技術は病気を多発させ、持続可能な生産が課題となっている。

エビ産業の産業組織は、山頂の少数大企業と、すそ野の多数中小企業からなる「富士山型」の二重構造である。CPグループなどの民族系企業（華人系財閥）は、北米・欧州輸出へ特化し、畜産用飼料の生産・供給・食肉加工等の農産加工から通信、石油、商業へ多角化した。畜産用の飼料系列とノウハウを活用し、トウモロコシ餌料によるエビ内水面養殖と冷凍製品加工、世界市場貿易へ進出した。これに対して日系水産資本・商社資本の現地合弁企業は、日本・アジア輸出へ特化した。ニチレイ系列のスラポン・ニチレイ社、ニチロ系列のN&Nフーズ社、宝幸水産系列のMBK・ホーコー社、丸紅系列のサム・D・ファーム社など、上位企業は対日市場占有率（CR4）を、五〇～六〇%に高めている。また多くの中小商社企業等の参入もみられる。華人系と日系の二系列の巨大企業を頂点とする富士山型の寡占構造である。

エビ養殖協同組合とマングローブ林

海外投資の増大にともない、タイのエビ養殖産業は急速に発展した。集約的エビ養殖業は、技術と熟練のほかに、一〇〇万バーツ（三〇〇万円前後）という多額の投資を必要とするが、現金収入は魅力的だったからである。主な産地は、タイ湾とマレー半島に沿った東西両岸に立地し、養殖池面積は九三年には約七万七六三二haであった。その結果、沿岸部のマングローブ林は開発されて、七五年の三一万二七〇〇haから九一年には一七万三四九一haへと減少した。マングローブ林の生態系は、「マングローブなくしてエビなし」といわれるほど、稚エビの成長に欠かせない。また、マングローブ林は、落葉腐蝕物や有機物に富み、養殖池・排水の自然の掃除屋さんであり、養殖池・海水灌漑による養分・適温・溶解性酸素を供給する。海岸防風効果、木炭等消費資材の提供などの多面的な機能ももつ。政府は、国土の土地分級、ゾーニング政策にもとづき、開拓伐採の禁止区域、許可区域、自由区域を設定し、その保全に努力している。

カンジャナディット協同組合は、組合員四七六人、理事一三人で、事業活動は、資材購入、エビ販売、金融信用、農業技術普及である。政府機関、県エビ協会や企業の援助を受け、マングローブ林保全プロジェクトを実施する。プロジェクトの内容はマングローブ林に対する保全地域の相互監視、マングローブ林再植林（年一〜二回）、養殖池・排水の水質保持・管理である。農民のマングローブ林に対する保全意識は、協同組合への参加頻度に比例する。協同組合は、公共財の保全意識を高め、農民の自己教育機能を果たしてきた。協同組合は、エビ養殖農民が、主体的に生産やマーケティング、地域資源管理について学習する場である。

環境保全型の開発政策は試論的に以下のように構想される。環境負荷コストは、生産・流通・消費各段階において、汚染者負担（ＰＰＰ）の原則にもとづき、広域環境税・課徴金である「マングローブ税」として賦課する。税・課徴金収入はイヤーマークされ、「マングローブ保全基金」に積み立てられ、環境負荷を軽減するＮＧＯや協同組合、研究開発企業へ補助金として交付される。政府は、基本財源、機構維持費を負担する。協同組合は出荷実績に、アグリビジネスは集荷・出荷実績に応じ、マングローブ税・課徴金を負担する。環境負荷軽減の研究開発補助金は、エネルギー節約技術、マングローブ林修復技術、水環境保全技術等へ支払われる。この構想が実効性をもつためには、負担と助成への合意が不可欠である。

途上国のマングローブ保全基金に対して、エビの大量消費国である日本など先進国は、ＯＤＡや市民社会による国際協力を進める。ここでは汚染者補助（ＰＢＰ）の原則が働くのである。途上国の自助努力を促し、森と水のエコシステムを保全し、環境研究開発、技術移転、技術普及員育成、環境教育、協同組合やＮＧＯの育成等への援助が重要である。市民の諸活力が、国家の役割、市場・企業の役割と相まって発揮されることが不可欠である。日本の果たす役割はきわめて大きい。

6　環境保全型開発と日本の役割

日本を起点とする東アジアの戦後農地改革は、自作農を創出し、生産意欲を高め、食料供給力を増大し、経済成長の基礎を構築した。一九七〇年代以降フィリピンへ波及した改革は、「緑の革命」による米の自給を達成した。土地所有と所得の分配を変え、ジニ係数は低下し、農民の地位は向上した。戦後アジア農業史における制度革新、農政改革の歴史的成果である。米の自給率が向上するとともに経済成長は食料消費の多様化・需要拡大を生んだ。米国・ケアンズ諸国の食料輸出国は、ＥＵのＣＡＰの食料自給とのシリアル・ジレンマに対処して、アジア太平洋市場への輸出へ転換した。多国籍アグリビジネスは、国境を越えて貿易と投資を国際地域開発と結合させ、拡大するアジア市場経済との相互依存を深めた。本章のバナナ・エビ・冷凍野菜はその典型である。多国籍企業による地域開発は、しばしば投資先のアジア各国の市場・資源確保を目的とし、資源の収奪、環境の負荷を増大させた。国際社会は、持続可能な開発、環境保全型農業を提起し、中国・生態系農業やタイ・マングローブ林保全への指向は、その先駆的取り組みである。こうした環境保全型農業の開発を援助し協力する日本の役割は増大している。アジアと共生する、市民の諸活力が大いに期待される。

第Ⅳ部　日本の農業政策
――価格・貿易・構造・環境

第9章　日本農業の価格・貿易政策

1　食料の価格はどう決まるのか

日本の多くの国民は、食料の安定供給に国内農業は必要であるとし、「安全で安定した」食料供給を望んでいる。一九九三年に起きた平成大凶作では、米が不足し、不安を拡大した。多くの人々は、「農産物価格は、農民保護のせいで高いのでは」と疑問をもつ。市民の支払う食料費、食料産業全体の生産額は、約一〇九兆円、全産業の一一％である。しかし食料費のうち最終的に国内農産物へ支出される割合はわずか九％である。食料費の約九割が、食品製造業三五％、食品流通業二七％、外食産業二一％等へ支出される。

人々は、日本の米は米国の米よりも高い、といった「内外価格差」に疑問をもつ。米国の農場は、日本の一五〇倍の規模があり、低コストで生産できる。しかし採算は悪い。タイ米の安い国際価格と競争するため、米国政府は農場へ補助している。直接支払いや返済免除等の政府補助によって安い米価が設定されるのである（第4章参照）。米国の消費者はこの分の税金を支払う。価格ではなく、財政が負担する方式である。だから安い。内外価格差のカラクリはここにある。

さらに日本国内で生産される米の生産費用は、農家の収量によって異なる。農地の地域条件が違い、一ha当たりの米収量は、二五〇〜七五〇kgと大きな差がある。米一俵（六〇kg）当たりの費用も、七〇〇〇〜一万八〇〇〇円の差がある。この差は、土地の豊度、つまり自然の恵みによる差である。D・リカードやK・マルクスなどの経済学者は、こうした土地の豊度の差による生産費用の差を土地に支払う代金、「地代論」として理解した。ある社会の食料需要をみたすためには、土地の拡大だけでは限界があり、豊度の低い劣等地も必要である。農産物価格は、最劣等地MのコストMcをみたす価格Pによって決まる。限界費用で価格が決まるので、限界原理という。自然の恩恵である土地を用いる農業の独自性がここにある。食料価格を考える原点である。土地への依存度が低い工業は、平均原理にもとづく。

優等地Aには、McマイナスAc（優等地のより割安なコスト）の差、すなわち特別の利益が発生する。この特別の利益は、生産者ではなく、土地を所有する者が享受する。差額地代という。自作農は、生産者であると同時に土地所有者でもあるので、この「うまみ」を享受できる。

米価政策と食管制度

自然条件に左右され市場経済になじまない農業では、農産物価格に政府が関与する。日本政府は、一九四二〜九四年の五二年間、生産者米価を定めていた。旧食糧管理法は「米穀ノ再生産ヲ確保スルコトヲ旨トシテ之ヲ定ム」（三条）とする。五〇〜五九年に用いられたパリティー方式は、物価指数にスライドして米価を決めた。六〇年、これに代わって生産費ならびに所得補償方式が採用された。五五〜六八年の生産者米価は、平均生産費の約一・八倍の水準で安定した。限界生産費（Mc）に近い、限界原理で米価が決定されていた。

市場経済では、米価水準は、米需給関係により決定される。戦前は米が不足し、朝鮮や台湾の植民地移入米により不足を補った。戦後まもなくすると米の供給が増大し、六七〜六九年には一四〇〇万トンの大豊作となり、ついに米過剰が発生した。六九年以降生産調整が開始され、米価は平均生産費の一・八倍を下回り、七七年以降さらに大幅に下回る。政府は、増産刺激的な政策米価の転換を余儀なくされた。

他方、麦価はつねに平均生産費を下回り、赤字つづきである。このため小麦生産をやめる農家が続出した。政府が平均収量地の費用を下回る減産誘導的な政策麦価を採用したからである。稲作面積は維持される一方、麦作面積は五〇年の一七八万haから七三年には一七・五万haへ急減した。麦や飼料穀物は、米国の余剰農産物を受け入れることとなって自立の道を失い、自給率は低落した。日本の食料政策は、二方向へ分裂した。輸入依存でいく麦・飼料穀物・大豆と、自給でいく米である。

2 グローバル農政改革

一九九四年食糧法と市場原理の導入

グローバル農政は、九四年に旧食管法を廃止、新食糧法「主要食糧の需給及び価格の安定に関する法律」を制定した。市場原理の導入である。九二年の欧州共同体のCAPのマクシャリー改革や、九六年の米国の不足払い制度の廃止に匹敵するグローバル農政改革である。市場原理を導入し、自主流通米の民間流通、生産者団体主体の価格・流通管理へと移行し、政府の関与は備蓄米やミニマム・アクセス米の部分管理へ留める体制となった。

自主流通米価格形成センターの指標価格は、需給実勢を反映する。相対取引価格は、この指標価格により決定される。同センターが基準価格と値幅制限を示すと、卸売業者は産地・銘柄別に入札をおこない、指標価格を決める。政府買入による価格底支え機能はなくなる。価格の暴落対策はない。政府米価格（備蓄米）は、生産費を参考にして、自主流通米価格と連動する。自主流通米と政府米とは、計画流通米である。その他は計画外流通米（自由米）で、自由販売が認められる。

この他、以下のことが定められた。生産調整は生産者の選択にまかせ、政府米（備蓄米）は国が買い上げる。ペナルティは廃止し、奨励金は交付する。政府の管理は後退し、主体は農協となる。備蓄は、政府・民間・調整保管の三タイプがある。政府は古米差損の財政赤字を負う。ミニマム・

アクセス米は、国家貿易制度の一元管理で輸入し、政府米として備蓄し、一般消費、加工用、海外援助用に充当される。随意契約か売買同時入札制度（SBS方式）で売却し、売買差益（マーク・アップ：一kg二九二円）は、備蓄経費とする。

米流通業者は登録制で、新規参入の機会が拡大し、量販店などの参入条件は自由化された。卸売業者の規模要件は、販売量四〇〇〇トン以上である。産地集荷業者には、規模要件と生産者集荷契約要件がある。農協系列の流通ルートは維持された。計画外流通米（未検米）は、流通コスト負担を免れて有利となり増大した。

九五年以降、銘柄米等の価格の低下傾向が顕著となった。生産調整は未達成が増加した。九八年に開始された「新たな米対策」では、「稲作経営安定対策」により、自主流通米の過去三カ年間の産地・銘柄別平均価格を補償基準価格とし、低落価格年との差額の八〇％を直接補償することになった。経営安定基金は、価格の二％を生産者が拠出し、政府は六％を助成する。

二〇〇三年米政策改革大綱

米政策改革大綱は、二〇〇四～一〇年の中長期改革である。政府は需給見通しや産地づくり、過剰対策助成を奨める脇役となり、農業者団体が主役となる。需要に見合った生産量と必要面積を、政府・団体ルートで配分する。都道府県は、一定額を地域交付する多様な作物の「産地づくり対策」か、固定部分（二〇〇円／六〇kg）と変動部分（差額の五割）を補塡する「米価下落影響緩和対策」のいずれかを選択する。固定・価格変動対応型直接支払いである。これに伴い稲作経営安定対策は、〇三年に終了する。

認定農業者・集落経営体等の担い手には、都道府県別基準収入と当年収入の差額の八割を補塡単価とし、加入面積に乗じて補塡する。変動型直接支払いである。

過剰米短期融資制度により、安価過剰米を担保に短期融資（無利子）をおこない、市場から隔離する。販売すれば現金で返済し、担保返済の過剰米は、安定供給支援法人が、原料米等として販売する。米国・融資単価による最低価格保証と近い発想である。

3　日米農業交渉と果樹農業

オレンジ自由化と国内調整

つぎに農産物貿易政策をめぐる日米交渉の帰結を、オレンジ自由化とそのインパクトに焦点を絞って検証したい。この問題に関しては国境調整と同時進行的に、国内調整が打ち出された。グローバル化管理と国内調整の二面的対応である。七八年の牛場・シュトラウス会談は、自由化を回避して、オレンジ輸入枠を八〇年の六・八万トンから八三年に八・二万トンへ拡大するとした。「オフシーズンにおける開放的な市場」である。

八四年におこなわれた山村・ブロック会談では、オレンジ輸入枠を、八四年の九・三万トンから八七年に一二・六万トンへ拡大した。争点は、全面自由化か枠拡大かであった。米国は「自由化を前提とした交渉」で臨み、日本は「自由化を前提とすると国内対策はできない」という立場をとり、ようやく自由化を先送りして決着した。八五年の果樹農業振興措置法の改正は、「生産出荷安定指針」を策定し、一元的な輸入管理のため、単年度需給調整による価格調整手法を採用した。こうして過剰調整政策は、長期需給調整、短期需給調整、加工品調整保管、という多様な政策手法を整備した。

八八年一月、日米首脳会談においてレーガン大統領と竹下首相が取り決めた牛肉・オレンジの自由化政策を受け、佐藤・ヤイター会談は、ついに自由化を決定した。オレンジ自由化は、生果は三年、果汁は四年の移行期間で決着した。また、国内のみかん園等を再編整備するため、補助単価や転換面積等を決めて国内調整を開始した。さらに果汁加工用原料の価格安定、パインアップル調整品等の対策を実施した。

九三年のウルグアイ・ラウンド農業合意を受け、九五〜〇〇年のUR農業合意果樹対策は、果樹等緊急対策資金事業を開始し、みかん等果樹園転換特別対策を開始した。

輸入増大がもたらした果実消費の新しい変化

果実の貿易は、バナナ型、柑橘型を二極とする。バナナ型は、多国籍企業による直接的な市場統合型である。オレンジ・柑橘型は、寡占集団による競争管理型である。バナナ型の寡占統合体は、日本固有の企業集団としての産業組織で、多国籍企業による少数の売り手と、総合商社等による少数の買い手、双方寡占を基軸とする。各グループは、排他的な取引関係を形成し、配荷業者、港湾業者、卸売業者を編入する。配荷段階は、オレンジ・柑橘その他の果実流通と統合し、重層化している。寡占統合体は、市場占有率を分配し、供給調整を図り、定量的な輸入をコントロールし、オーダリーマーケティングを実現する。過当競争管理である。オレンジ自由化は、寡占統合体が形成され、市場コントロールが展望されて決着した。

一九八〇年代末以降の貿易自由化は、輸入増加と自給率の低下をもたらした。果汁・果実加工品の輸入増大が顕著である。国産生鮮果実はそれなりに健闘したが、次第に苦戦するようになる。

果実の需給関係は、自由化後（九三～九七年）に、総需要量八六〇万トン水準、国内生産量は四〇〇～四五〇万トン、輸入量は四三〇万トン水準となった。その結果、自給率は、八〇年の八一％から四九％へと低下した。生鮮果実の輸入量は、一四六・九万トンから一六三・三万トンへ一一・一％の増加である。オレンジ・さくらんぼ・りんご・マンゴー等、輸入品目は多角化した。加工品の輸入量（生果換算量）は一二九・一万トンから二六九・八万トンへ二・〇九倍の急増である。市場開放のインパクトは、まことに大きかった。

果実の一人当たり消費量（加工品の生果換算を含む）は年四一・五㎏である（〇〇年、食料需給表）。これは世界平均の八八％、先進国平均の六七％、米国の半分にすぎない。八〇年代に比べるとみかんは六・五㎏へ落ち込み、りんごは九・二㎏と増加、その他の果実は二四・七㎏へ倍増した。果実には、ビタミン、ミネラル、食物繊維等が含まれ、健康で豊かな食生活に欠かせない。ポリフェノール類やβ-クリプトキサチンは発ガン抑制効果がある。近年、若者の果実離れが指摘され、国産生鮮果実の消費量は低下している。日本型の伝統的な果実消費は、「水菓子」的な季節感を味わう、外観や香りを楽しむものだった。若者の栄養・機能・食味を指向する消費行動は、日本型の消費が変化していることを示す。

伝統的な果実消費はフォーマル・フルーツ、若年層の消費行動はカジュアル・フルーツとも言える。後者は、食生活の簡便化や外部化を要因とし、手軽にくだものを摂取したい、「安いバナナを簡単に食べたい」「手っ取り早くオレンジジュースを飲みたい」という指向である。安い代替品の摂取ニーズが、所得の低い若年層に現れた。生鮮輸入果実や果汁は、低価格財となった。国産の生鮮果実は、外観を重視する高級財となり、新しい消費指向と併存して市場を細分化した。輸入増大がもたらした消費変化である。

国内産地は、近距離の優位性を生かし、村おこし事業のなかで、地域特産物として果実加工品を開発した。たとえば高知県馬路村では、無農薬ゆず、柚ドリンク、ジャム・ゼリー、柚味噌・柚醤油などフルーツ・ビジネスともいうべき新しい付加価値型のアグリビジネスを成長させている。

価格形成・流通形態の変化

自由化の価格インパクトは大きい。九七年に生じたみかんの過剰供給は連鎖反応を呼び、果実価格を全般的に低落させ「価格の不安定性」の原因となった。自由化は、国内の加工原料生産を終焉させ、国内価格変動のバッファー機能を奪い、価格の不安定性を増大させた。その結果加工用原料果実価格安定制度が機能しなくなった。九九年果振法の「うんしゅうみかん生産出荷安定指針」による生産調整の実施以来、政府は指針発動を繰り返した。九七年の価格低下を境にりんご価格は、価格が尻上がりとなる季節による変動パターンから、通年一定の固定価格を維持する、米国等先進国の価格形成パターンに近似するようになった。りんご産地の出荷業者は、経営悪化・撤退等に直面した。だが逆境のなかでも青森県相馬村農協のように、農協共販率を伸ばす自由化に対応した市場再編もある。

輸入生鮮果実の価格は、国産より安いが安定している。輸入果実は、第4~8章でみたような海外産地における低い生産費を基礎とし、寡占統合体の垂直的な流通経路を通じた、ある種の管理された価格形成をもつ。低価格の果実供給が可能となったため、年齢層や所得階層別の消費選択により、カジュアル・フルーツを生みだした。

果汁価格にも、低位性と安定性が見いだされる。第7章で言及したようにブラジルの多国籍企業は、東アジア市場へオレンジ冷凍濃縮果汁（ＦＣＯＪ）を、低価格・賃金財として供給した。このため日本のみかんの加工原料用産地は縮小し撤退した。国内の果汁産業は、輸入原料への依存を決定的にした。果汁飲料業界には、ビール系、乳業系、自販機系、農協系等の企業が参入し、果汁タンカーが接岸する港湾ターミナルからエンドユーザーへ至る流通形態となった。

世界と日本の価格安定制度

果実は、生産の季節性が大きく、腐敗しやすく、生鮮性が高く、貯蔵性が低い。人々の健康維持に不可欠な栄養素をもつ。品質差も大きい。各国の果樹価格安定対策は、これらの特性を踏まえ、生産者の自主努力を尊重した、独特の需給調整・価格安定のシステムをつくりあげた。米国には、生産者団体が主体となり、出荷調整のアウトサイダー排除、政府規制力のあるマーケティング・オーダー制度が、連邦政府と州政府にある。

欧州連合（EU）のCAPでは、価格低落時に、生産者組織を通じた市場隔離をおこない、買い支える制度がある。生産者組織は、運営基金を設置し、基金から市場隔離補償金を支払う。

日本の果樹価格安定対策も、果振法を根拠として、中央果実基金、全国果実生産出荷安定協議会との密接な連携のもとで実施される。特定果実等計画生産出荷促進制度は、果振法第四条による生産出荷安定指針の発動で、摘果《てつか》（幼い小果を除去すること）などにより生産調整し、価格を安定させる。資金は、県レベルに基金（交付準備金）を設け、国費五〇％、生産者等五〇％の負担で賄う。加工原料用果実価格安定制度は、果振法第四条により加工原料用果実価格の低落時に生産者補給金を交付する。加工原料用価格を補塡し、生鮮果実価格を下支えする。果実製品調整保管事業、学校給食への国産果汁の導入、果実等消費拡大特別対策事業などがある。

二〇〇一年度経営安定対策の開始

二〇〇一年度に経営安定対策の新政策が実施された。その背景には、果汁輸入増大、国内加工原料用果実の生産縮小のなかで、加工原料用果実価格安定制度が生鮮果実価格を下支えする需給調整機能を失っていたことがある。果実価格は年間を通じて固定化、低水準化の傾向が顕著で、一時的な需給の乱れから、生鮮果実価格が急落することもしばしばである。また、季節による価格差は少なくなり、品質が向上し、消費者ニーズへの適合性が重視される段階に入った。

二〇〇一年度に導入された経営安定対策は、WTO体制にも適合する、新しい生産者補給金の直接交付である。特徴は、①補給金交付を計画生産出荷の組織・認定農業者に限定すること、②対象果実は、みかんとりんごとすること、③補塡額（一kg当たり）は、過去六カ年の平均価格に変動指数を乗じて算出した補塡基準価格と、当年の下落価格の差額に八〇％を乗じて算出すること、④二年契約で、資金は、生産者拠出（二五％）、地方公共団体（二五％）、国の助成（五〇％）とすること、の四点であった。

果樹農業の振興には、生産者の組織強化、経営の法人化、取引力強化が求められる。これを基礎に、地域性、果実特性（品種・品質）、自主性を尊重したボトム・アップの企業型事業システムの形成が望まれる。産地から消費地へいたるフルーツ・システムを構築して対話と情報共有、相互依存と共生が可能な組織革新が期待されている。米国サンキストは、家族型農業者が所有する農協であることを銘記したい。現状の維持ではなく、常にチャレンジしつづけ、新しい生産と生活を立ち上げ、不断の改革を進めていく気概が求められている。

第10章　日本農業における土地・構造政策

1　農地改革から農業構造改革へ

「高度経済成長」は、農工間の生産性・所得格差を拡大し、農業から工業への資源移動を促進した。農工間の所得格差の是正を目的に、一九六一年に農業基本法が制定された。農業者が他産業並み所得を確保する「自立経営」が目標である。そのため、農業の生産性向上、土地基盤整備と大型機械・施設の導入、農業規模の拡大と農地流動化、畜産・果樹・野菜等への選択的拡大、離農促進、等の政策パッケージが開始された。農業基本法の目的は、農業における生産諸要素（土地・労働・資本）の結合関係を変革し、近代的な大規模経営を実現する構造改革である。土地問題を中心に、構造政策の展開過程を振り返っておきたい。

戦後農政のはじまり

一九四五年一二月七日に帝国議会に提出された、連合軍総司令部（ＧＨＱ）のマッカーサー農民解放指令「農地改革ニ対テノ覚書」は、「封建的圧制ノ下日本農民ヲ奴隷化シテ来タ経済的桎梏ヲ打破スルガ」、「耕作農民ニ対シ其ノ労働ノ成果ヲ享受スル為……均等ノ機会ヲ保障スベキ」とし、「A、零細農形態、B、小作農ノ夥多、収穫ノ半バノ小作料」の除去を示唆した。農地改革案の中心は、「A、不在地主ヨリ耕作者ニ対スル土地所有権ノ移譲、B、農地ヲ適正価格ニテ買取ル、C、年賦償還ニ依ル小作人ノ農地買取制」である。政府は、二五二万の地主から農地一七八万haを買収し、四二〇万戸の小作農へ売り渡した。全国平均の買収地価（〇・一ha当たり）は、水田七六〇円、畑四五〇円に固定された。改革終了時には激しいインフレの結果、大人用ゴム長靴一足八四二円よりも安かった。事実上の無償配分である。「所有、それは砂土を化して黄金とする」の如く、砂地の悪い土地を立派な農地に変え、食糧増産を実現し、食糧不足を解決した。人々を「飢えから解放」し、食糧危機を突破する政策であった。米収量（〇・一ha当たり）は三四～三六年の二八二kgから四六～五〇年には三二五kgへ、米生産総量は八六一万トンから九二六万トンへ増加した。このように農地改革は、「貧しさからの解放」を進め、日本経済の戦後復興に貢献した。

一九五二年農地法は、農地改革の成果を取りまとめ、地主制復活阻止に力点をおいた。農地の権利移動（売買や貸借）は、許可制で、農地委員会の許可が必要であった。「自作農体制を崩したくない」という強い政策意志が込められていた。農地法の基本理念は、「農地はその耕作者みずからが所有することを最も適当であると認める」自作農主義である。農地の権利移動や、農地の宅地等への転用は、知事の許可を要する。小作料は、低い定額金納である。農地法は、中央集権的な統制主義、自作地主義、土地一筆《いっぴつ》（農地の最小単位）管理の個別主義である。

現在でも農家世帯員以外の人には農地を買う許可が出ない。農地の購入希望がある場合、農業委員会は「営農に精進するか」「地主にならないか」を吟味する。耕作しない農地所有者を絶対に発生させない、地主化防止制度である。土地を貸し付けた場合にも、統制小作料、小作契約法定更新、小作契約解約知事許可等を定め、土地の地主の自由にはならない強固な小作権を認めた。

2　農地制度の日米比較――零細農固定化と自小作農成長

日本では土地の所有は大きな社会的意味をもち、地代率は高い。徳川幕藩体制で三〇〇年間続いた高い年貢を背負う「百姓身分」とわずか平均一haという零細性を継続した。つまり、零細農耕制を固定化する農地制度であった。戦後農地改革の意義と限界は、一方で、寄生地主制を解体し自作農を創出したが、他方で、私有制によって規模の小さい零細農耕を固定化したところにある。

これに対して、米国の農地制度は、中世の封建制の歴史をもたず、植民地における土地公有から出発した。低い地代率の土地制度である。一八六二年ホームステッド法は、一六〇エーカー（六五ha）の土地を無償賦与し、独立自営農民を創立した。平均農地規模は、四四〇エーカー（一七八

ha）へ達し、農業の資本主義化が進展した。米国の国土は次々に拡大し、公有地化され、公有地賦与の資源配分政策がなされた。一七八五年の土地政府公有、一八〇三年のルイジアナ・パーチェイス（仏より）、一九年のフロリダ取得（西）、四五年のテキサス併合とオレゴン取得（英）、四八年のカリフォルニア取得（墨）という国土拡大とその公有化である。フロンティアに入植し開拓してきた歴史がある。やがて一九五〇年代から自作地に借入地を加えて農場規模を拡大するために、定額小作や分益小作、賦払い土地契約等、柔軟な農地制度が生まれた。このように、日米の農地制度には、歴史的、文化的に根本的ともいえる差異がある。

3　基本法農政の展開

一九六一年農業基本法は、目標とすべき農業経営像を、「自立経営」とした。戦後の日本経済の高度成長により、農工間の所得格差は拡大し、農業所得は伸び悩んでいた。人々の所得向上にともなって、食生活は変化した。澱粉質食品の摂取が減り、動物性蛋白質食品やビタミン食料が増えたのである。農産物需要の変化へ対応し、需要の伸びる畜産・果樹・野菜等への選択的拡大が進展した。農政は、高度経済成長が農村過剰人口を吸収して、農家数は減少し、少数の農家の経営規模は拡大するという構造改革を展望した。そこで農業生産のガイド機能をはたす価格政策を追求した。しかし米は過剰となり、その他の農業部門における自給率は急落した。

農業人口の減少は、工業の労働力需要の充足に貢献した。農業就業人口は、一九六〇～七〇年に年三・四%の高率で減少していた。しかし近代的家族経営として他産業勤労者と同じ程度の生活を営めるような農業所得をあげる「自立経営」は育たなかった。自立経営とは、経営耕地面積二ha以上の専業農家を指し、二五〇万戸以上が農業総生産の八三%を占めるという目標がたてられた。〇・五～一・五ha規模の中間層の分解が想定されたが、現実は「進む機械化・効率化、進まぬ構造改革」である。水利施設・基盤整備が進み、二〇～三〇馬力のトラクターが普及し、除草剤、農薬、化学肥料の投入が増え、一九六〇～八九年における農業労働生産性の上昇率は五・〇%に達した。これは欧米諸国の伸びと匹敵する。しかし、農業構造改革は進まなかった。中間層の分解はおきなかった。その結果自立経営は、一九九〇年でも六・六%にすぎない。

地価高騰と兼業化

農業構造改革の進まない理由はなにか。農業をやめずに他の産業に従事する兼業農家の大量な出現である。とくに、兼業所得が農業所得を上回る第二種兼業農家は、六〇年の三二・三%から八〇年には六六・二%へ増加した。一ha前後の中間層は、第二種兼業農家となった。離農者の賃金は低く、また農業の機械化は経営規模を維持したまま兼業を可能とした。地価は高騰して資産価値を高めた。

農地の値段（地価）は、本来は農地から毎年あがる農業収益を、資本に還元した値として決定される。「資本に還元する」とは、ある「元金」を銀行預金し、得られる利子から「元金」を推定する方式である。九二年の平均を例にとると、農業粗収入（〇・一ha当たり）一六・五万円から農業費用一三・五万円を差引くと、農業剰余は三万円である。この剰余を預金金利〇・〇三五で割ると八八・六万円である。農業収益で採算のとれる地価である。しかし実際の地価は三一〇万円である。あまりにも差が大きい。もはや地価は、農地の採算価格を離れ、農業以外の目的の土地価格、商業地価・住宅地価・公共用地価に等しくなっている。これを「農地価格の土地価格化」という。

高度成長は、人口密度の高い日本国土全体の工業肥大化と都市膨張を進め、自動車運輸システムを普及させた。道路と宅地の拡張は、多くの農地をつぶし、農地の値段を吊り上げた。売却した農民は、代替地を高い地価で買い、地価高騰は、日本国土の隅々へ拡散した。農地を所有しつづける農民も、資産価値の上昇を期待する。農地法のもとでは、農地を他人へ貸し出せば、耕作者の権利が強く、売りたくても返してもらえない。農業は片手間にしながら農地を保有しつづける「あらし作り」が容認されて、不作付地面積は、六〇年の三・六万haから八〇年には一八・四万haへ増加した。新しいタイプの地主の誕生である。

構造改革の障壁

地代とは、土地の利用者から土地の所有者へ支払う借地料である。アダム・スミスは土地の生産物が労働の賃金や資本の利潤を超える「剰余」（地代）をもたらす、とした。デヴィッド・リカードのいう「差額地代」は、土地の本源的で壊れることのない力の使用に支払われる対価である。カール・マルクスは、資本が自然力の一部である土地を利用するとき、平均利潤を超える超過利潤が地代となる、とした。土地の質の差により収穫の差が生じる。差額地代は、土地の豊度差による。農産物価格は、最劣等地Aにおける生産価格（C＋V＋P）に一致する。優等地には超過利潤が成立する。生産価格は、商品の費用価格（C＋V。C：不変資本、V：可変資本）と平均利潤（P）の和である。最劣等地が、社会全体の農産物需要を満たす上で必要であるとき、限界原理が作用する。価格が上昇して生まれる超過利潤は差額地代として地主へ支払われる。地代は、超過利潤を奪い農業の蓄積を遅らせ、生産力は停滞する。

自作農は、土地を購入し地価を支払う（地代の一括払い）。地代や地価の上昇は、農業蓄積を阻害し、構造改革の障壁となる。自然の恵みであり、地球の一部を占有する農業と土地所有では、市民社会の倫理性、土地を公共財として取り扱うエシックスが問われる。

農業構造改革の失敗は、都市計画の貧困によるところが大きい。大都市近郊農地から地価の高騰は始まった。都心から郊外へ「持ち家」は移動し、「地上げ」が拍車をかけ、周辺部へ都市は膨張した。都市計画は追いつけず、「バラ建ち」、単発的で無秩序な住宅開発となる。六八年に制定された都市計画法は、土地を市街化区域と市街化調整区域へ区分し、市街化区域（三二万ha）の農地転用を届出制とした。七一年には、市街化区域内農地の固定資産税は宅地並み課税とされた。東京都区の農業は、新鮮で安全な生鮮野菜を直売などで供給しており、緑の供給元でもある。七三年制定の生産緑地法は農地の経過的存続を、八二年の長期営農継続農地認定制度は宅地並み課税の徴収猶予を認めた。東京都民一人当たりの都市公園面積は、四・六m^2でしかない。しかし、緑地空間・農地一万haを加えると一三・九m^2になる。農地は、公共財、環境財として多大な価値をもっている。都市農業の再生が望まれる一因である。

土地生産性をめぐる階層間格差は、五二年に農地法、六一年に農業基本法が制定される間にしだいに拡大し、八〇年の農用地利用増進法、九二年の農業経営基盤強化法施行の段階で、大経営で高く、小経営で低い、決定的な違いとなった。農業剰余（〇・一ha当たり）は、地価や地代を支払う基礎である。大経営の農業剰余が、小経営の農業所得を上回る水準に到達した。小経営が土地を貸せば、自家労働評価（自分の手間賃）も土地の借地料収入に含まれる。生産力の階層間格差は、「農民層の分解」を生ずる農業内部の力である。

農家世帯単位の家計費をみると、兼業農家が最も高く、生活レベルも高い。「貧しい農家」「貧農」というイメージとは、もはや合わない。農外兼業所得のみで家計費をまかなえるため生活にゆとりが生まれ、無理して働くことはない。農地は所有したまま貸し付けよう、という機運が生まれたのも当然である。「富裕兼業農家」の誕生である。

農地は一旦貸し出したら返してもらえず、賃貸借解約には知事許可がいる。農地法が賃貸借の拡大を阻んでいるのである。七〇年の農地法改正では、「土地の農業上の効率的な利用を図るため」という条文が追加され、借地による農地流動化を政策の中心とした。賃貸借を容認する法へ切り替えたのだ。小作料統制の撤廃、標準小作料の創設、賃貸借合意解約の届出、離村者の農地は一haまでは貸し付けられるようになり、小作地の所有制限は緩和され、経営規模の上限規定は廃止されるなど、この農地法の改正は、実質的に賃貸借容認法となった。

4　農民層分解の日米比較——個と集団の結合

農民層の分解とは、独立自営の小生産者、すなわち自ら土地と労働力をもつ均質な農民が、資本型農場所有者と農業労働者の二極へ分解することをいう。商品生産と市場経済は、その推進力である。農民相互間に生産力格差が生まれ、大経営は規模拡大し成長する。農民層が分解するには、一つには資本が成熟し、労働市場が確立すること、二つめに大経営の農業剰余が小経営の地代を上回ることという、二つの条件がある。つまり農業内部の生産力の階層間格差の形成と、農業外部の労働力自立の成熟という二条件である。労働市場の確立によって、小経営の農外雇用で生計費を充足する「土地もち労働者」が生まれる。

経営耕地規模別にみると、耕地面積三ha以上の上層農の増加と耕地面積一ha未満の下層農の減少という「両極分解」を示している。上層農の地代負担力が、下層農の所得を上回る「階層間格差」である。新しく生まれた上層農は、下層農の所得を地代として支払い、経営規模を拡大しうる。兼業農家は、もはや農外就業で生計費を得る「土地もち労働者」となった。

生産力格差をつけた大経営は、小企業農である。小企業農は、高度な生産手段を装備し、利潤を追求し、農業投資にみあう利子を要求する。また、規模拡大により機械償却費を削減し、コストダウンを実現したり、借入地の拡大もできる。しかし、個人の労働力が主体であり、その限界を相互に補完する生産組織を必要としているのも事実である。生産組織は、個別経営体・法人経営を生み出す。

農村集落（むら）は、農民層分解を生む母体である。集落に補完された農場制（集落営農）を形成する。その要因には、複数農家が生産共同化協定や受委託で結合すること、零細分散耕地を高度化する「むら」土地管理が集団的土地利用を形成すること、低労賃で多就業の兼業農家を包摂すること、などである。このように日本型の農業制には、小企業農・個別経営体と、集落農場・集団経営体の二タイプがある。

これに対比して米国農業は、個別的な農場を単位として発展している。規模別農場数をみると、一九五〇～六九年に約半数の農場が消滅し、一〇〇〇エーカー（四〇〇ha）以上の大経営が増加した。上層農（二六〇エーカー以上）は一貫して増加を続け、土地占有率は四七％から八六％へ上昇した。米国の上層農は、農地面積でみると日本の上層農の一〇〇倍以上の規模がある。しかし中間層（五〇～二六〇エーカー）は減少しつづけ、土地占有率は、五三％から一四％へ低下した。農民層の両極分解である。その背景には、緩い土地所有制度と自由な土地市場がある。米国の農民層分解は、技術革新・機械化・借地拡大・借入金依存・コスト削減・価格低下、そして規模拡大というサイクリカルな過程を通って実現された。八〇年代の農業不況時にも、農政は安易な妥協をせず、離農者が続出した。

上層農は「家族農場」（ファミリー・ファーム）を拡大した「大型小農」化から、近年、雇用労働力へ依存する企業的性格を強め、法人化している。また、アグリビジネスによる農場との契約生産、垂直的統合が進展し、農業の企業化が促進されている。米国農業は、農場の個別的な成長とアグリビジネスによる統合が特徴である。

5　総合農政と米の生産調整——一九九二年新農政へ

日本では七〇年に恒常的な米の過剰へ転換した。米消費（年一人当たり）は、五八年の一一二・八kgから七〇年には九五・一kgへと激減した。六七年の米の大豊作では一四四五万トンとかつてない生産水準となり、翌年から過剰在庫が膨んだ。

七〇年に減反政策が開始された。農水省は稲作転換水田総合利用対策（七〇～七七年）、水田利用再編対策事業（七九～八六年）、水田農業活性化対策（八七年）など、稲作からの転換を推進した。単年度需給均衡、調整数量の各県・各市町村割り当て、補助金・奨励金の農家交付、麦・大豆・飼料穀物など特定作物奨励金の増額、集落ぐるみ・集団的組織的な転作等が、推進された。七七年に始まった地域農政は、生産調整政策と構造政策を結合、集団転作など集落機能を活用し、地域ぐるみの事業を推進した。

八〇年施行の農用地利用増進法は、新しい農地流動化政策で、借地主義、地方分権的な規範主義、利用権の地域的集積を重視する集団主義という新しい性格をもつ。具体的には農用地利用権設定等促進事業、農用地利用改善事業（農用地利用改善団体）、農作業受委託促進事業（請負作業）などである。八〇年の農地法改正によって、農地権利移動の農業委員会許可、市街化区域内農地転用の農業委員会への届出等、規制が緩和された。

市場の役割を活かす減反モデルは、米価算定基準を引き下げると想定された。最劣等地Mから劣等地Aまでにランクされる水田の転作を進め、劣等地Aの安いコストを基準とする米価Paに政策価格を引き下げるとした。これにより財政負担が減少し、M〜A土地の転作補償金の財源となると見込まれた。

政府の失敗は、市場の役割を活かす減反モデルではなく、劣等地Aにも優等地にも一律転作を要請したことである。転作がM〜A土地に集中する政治的抵抗を避けたことが要因であった。だが米に替わる作物が見出せなかった。転作は、経営内地の一部で一律におこなわれる。結局、減反政策は農業生産性を全般的に低下させ、生産コストを上昇させ、米価上昇要求を引き出した。「富裕兼業農家」に妥協した「政府の失敗」である。

九二年に示された「新しい食料・農業・農村政策の方向」は、二一世紀に生涯所得で勤労者と均衡する、経営感覚に優れた効率的な経営体の育成を目標とした。土地利用型農業では、個別経営体

（一〇～二〇ha）を三五～四〇万、組織経営体（三五～五〇ha）を四～五万の育成である。九三年の農業経営基盤強化促進法により、市町村「基本構想」が、農業法人等の大規模経営体を認定し、認定農業者に、税負担軽減、資金低利貸付、国助成等の支援措置を講じるようになった。国際化に対応する農政である。農業の法人化・組織化による構造政策が本格化したのである。

6　土地の公共性と市民社会の役割

農地改革は、戦後復興のなかで、自作農を創出し、人々を貧困と飢餓から解放した。しかし地主制の復活を阻止するため、零細農を固定した農地法のもとで、農業構造の変革は頓挫した。基本法農政は、経済成長が離農を促進し、農地集積によって大規模な自立経営が成立するという展望を描いた。しかし農村に定住して営農を続ける富裕兼業農家が激増し、都市に起因する地価の高騰は、農地を資産として所有しつづけ、その貸付をも躊躇する傾向を生みだした。土地を公共財とみる市民社会のエシックス（E）が求められた。しかし農業内部における階層間格差は着実に形成されて、個別経営体や集落経営体を成長させた。

これを受けて、七〇年の農地法改正は、賃貸借容認法として、「借地・規範・集団」による規模拡大への道を開いた。アジアにも共通する日本型構造政策、現代農地政策の成立である。他方、米生産調整政策は、「一律・割り当て・集団」転作のシステムによって、規模拡大への成長の芽を摘み、富裕兼業農家へ妥協する「政府の失敗」となった。米政策は、構造政策、地域政策との調和が求められる。市場の資源配分機能を発揮させる政府の役割と、土地の公共性、農業の多面的機能を求める市民社会の役割とが重視される。小作農制度の過酷さを、先人の労苦、歴史的遺産として客観化できる世代の成長は、人と土地の歴史に、新しい歩みを刻みはじめている。柔軟でしなやかな知恵と制度の誕生を期待したい。

第11章　ＥＵとオランダの環境税と農業

1　環境税導入の影響

二〇〇二年六月に京都議定書が締結され、地球温暖化対策推進大綱および地球温暖化対策税制専門委員会中間報告に沿って、日本政府も環境税導入の検討を本格化した。そこで環境税が先行導入されている欧州諸国、とくに欧州連合（ＥＵ）とオランダにおける環境税制の現状、およびその導入による農業への影響を明らかにする。なお、〇二年に開始された日本政府のバイオマス・ニッポン総合戦略を比較・検討する。

ここでは、環境税導入の背景となる経済と農業の状況、環境税制をどのような考えで設計したのか、農業や関連産業へいかなる影響があるのか、税制優遇措置、税収使途の還元、国際競争力の影響、省エネルギー等に注目して解明する。またＯＥＣＤが重視する環境税と新エネルギー補助金、排出権取引、ＣＤＭなどの諸措置が結びつくポリシー・ミックスの論点を明らかにしたい。調査は、農水省大臣官房評価課環境対策室の委託により、〇二年一二月にEUおよびオランダ政府、ワーヘニンゲン大学農業経済学研究所、オランダ園芸商品連合会等を訪問して実施した。

2 環境税の概念とその多様化

長期的な気候変動をもたらしている地球温暖化の原因は、二酸化炭素等の温室効果ガスにある。地球温暖化対策税制として一九九〇年のフィンランドの炭素税を嚆矢とし、北欧・オランダに続いて、九九〜〇一年にはEU主要国、独、伊、英国等が環境税を開始した。環境税導入の背景には、九七年の国連の気候変動枠組み条約の締結国会議（COP3）における京都議定書、EUの持続可能な開発政策とEU型CO_2・エネルギー税導入の提案、産業部門のエネルギー削減指向によるコスト低下・国際競争力向上、市民社会のライフスタイルの転換（自転車通勤・省エネ住宅改造・グリーン電力）をめざす市民の諸活力、等の要因がある。

環境税は、政府の直接規制手段にかわって、地球温暖化対策を進める経済的手段として導入された。直接規制は、小規模な環境汚染へ対処するには有効である。しかし汚染源を特定できない地球規模のグローバルな環境汚染には対処がむずかしく、代わりに環境税が登場したといえる。大気圏へ広がる原因物質には、CO_2、NO_x、SO_xがある。

環境税の概念は、狭義から広義までさまざまである。狭義でとらえると、炭素排出量の抑制を目標に、炭素含有量に応じて賦課する炭素税があげられる。広義でみると、環境税として再評価された自動車燃料税やエネルギー源への課税が含まれる。より広域の環境税は、環境へ負荷を与える財・サービス全般を対象とする広義の税や課徴金である。

環境税の中枢は、地球温暖化対策としてのデンマーク、オランダ等で先行導入された炭素税である。その後環境税は、原子力発電によるエネルギー発熱量をも課税ベースとする炭素・エネルギー税となる。さらに、たとえば、アイルランドのビニール袋税や英国のゴミ処理場税、スペインの旅行者税等へ多様化し、いわば生態税へと進化をとげた。また、対象領域を拡大し、財政歳出に占める割合を高めた。

農業との関連では、広義の環境税として農薬税がある。デンマークで実施され、オランダ、オーストリア等で導入が検討されている。環境税は、農業における環境保全管理のための財政手段とも見なされているのである。

欧州連合における環境税導入

ＥＵ諸国の環境税制は、九〇年代初頭以降に北欧・オランダで、九七年の京都議定書以降には西欧主要国で、相次いで導入された。ＥＵの環境税は、エネルギー税あるいは鉱油税である。課税の方法は、各国のエネルギー事情によって異なる。ＥＵの環境規制は、各国産業の競争政策と調和せねばならない。

一九九二年　EU理事会指令「鉱油税に関する最低税率調和規定」
一九九五年　EU委員会提案「EC域内共通炭素・エネルギー税」（C：E＝一：一、つまり炭素分と再生可能エネルギーを除くエネルギー分の各々五〇％ずつに課税）は未合意。
一九九五年　EU委員会提案「EC域内共通炭素・エネルギー税」の修正案も未承認。
一九九七年　EU委員会提案「鉱油税に関する最低税率調和規定」の範囲拡大と税率強化案がEC域内共通炭素・エネルギー税代替案とされたが未合意。

租税は国家歳入であり、各国の主権下にある。EUは、加盟各国の租税の調和機能を担う。加盟各国の鉱油税には大きな格差がある。たとえば、一〇〇〇リットル当たり軽油税（鉱油税の一種）は、二四五ユーロを最低税率と定め、その引き上げを検討しているが、最高の英国七五〇ユーロから、最低のギリシャ二五〇ユーロまで格差がある。こうした中で、最低税率四〇〇ユーロを提起しても各国間合意には至らない。

EU諸国における環境税に関しては、京都議定書を契機として、以下の取り組みがみられた。
一九九九年　ドイツにおける環境税制改革（石油税改正・電力税新設）
一九九九年　イタリアにおけるエネルギー税制改革
二〇〇一年　イギリスにおける気候変動税の新設

このように京都議定書のインパクトは大きかった。なお、フランスでは九九年の汚染事業総合税に、憲法院から違憲判決が下された。電力の八〇％を原子力発電に依存するフランスでは、石油燃料のみに課税することが望ましいと判断されたのである。また多くの国で代替エネルギー、水力や再生可能エネルギーの再評価が進展している。

ＥＵ諸国の環境税制の概況をみてみよう。環境税制における主体は加盟各国である。課税対象は、炭素、エネルギー、鉱油であり、さらに農薬まで広がっている。環境税の課税率は上昇し、国によって一〇％を超える。税制優遇措置は、ＯＥＣＤの試算ではＥＵ域内で八〇〇〇種類の減免措置がある。環境税は国家総歳入の五～一〇％を占め、ＥＵ平均は六～七％である。税収を特定分野へ還元するイヤー・マーキングは、イタリアでは社会福祉と環境保全目的だが、英国では、雇用者失業保険、エネルギー効率向上、再生可能エネルギーへ助成を限定している。しかしスウェーデンの炭素税収は一般財源へ組み込まれ、所得税の減収へ活用される。一般に、汚染廃水等への課徴金・負担金は、水質浄化などにイヤー・マーキングされる。しかし、公共的な税は、イヤー・マーキングされないのが原則である。環境税の導入に際しては、産業の国際競争力を維持するなど、優遇措置や免除、助成措置等について綿密な政策が展開されている。

環境税は、ＥＵ加盟国一五カ国中、すでに主要国を含む八カ国で導入されており、肯定的に評価される。環境税の影響は、高い税率ほど大きなインセンティブをもち、国際競争力に対して肯定的な影響を与えている。また手法の透明性が求められ、明確な論理とデータを用いて設計される。税の有効性は、政府の観点から検証し、企業と消費者の行動へ的確に影響することが判断基準となる。

環境税とその他手法とのポリシー・ミックスでは、排出権取引との連携が重要である。イギリスの気候変動税の軽減措置を受ける企業は、政府と気候変動自主協定を結び、企業間の排出権取引を開始する。ドイツでは、再生可能エネルギー発電をおこなうものには環境税を免除し、税収をバイオマス等による熱電併給コージェネ・プラント補助金として活用する。バイオ燃料への転換等、再生可能エネルギーにおける補助金との組み合わせが注目される。また、環境税には、雇用を増大させる「雇用効果」が期待される。今後、排出権取引とのパッケージ、バイオマス（生物資源の量）を活用した新エネルギーの振興に注目される。

ＥＵ委員会は、〇二年度に乗用車税制として、ガソリン・ディーゼル等石油燃料から、バイオ燃料への大転換を開始した。ＥＵは、バイオ燃料をバイオマスから生成されるものと定義し、生物分解性の生産物の残存物、農業（植物・動物資源を含む）廃棄物・残滓、林業・関連産業の廃棄物、産業・都市廃棄物の生物分解性の残存物の四種類に分類している。ＥＵのアクション・プランは、二〇年に道路交通用の燃料の二〇％を代替燃料へ置き換える。短期的にはブラジル・米国で実用化されたバイオ燃料、中期的には天然ガスの検討、長期的には水素・燃料電池の利用を目標に掲げている。バイオ燃料による代替率を、〇五年の二％から一〇年の五・七五％へ高め、加盟各国はバイオ燃料・混合燃料の間接税の軽減ないし免除の特別措置をとることをめざす。

3　オランダの環境税と農業

オランダの第一次グリーン税制委員会が刊行した『グリーン税制――オランダモデルの一〇年間の経験とさらなる挑戦』（一九九八年）は、オランダ環境税の歴史を総括している。

一九八八年　一般燃料税（ＧＥＰ）として環境燃料課徴金の開始。

一九九〇年　一般燃料税に、炭素含有量へ賦課する「炭素税」を導入し、交通・熱利用燃料を課税対象とした。しかし炭素含有量の多少に応じて追徴される税率は低く、軽減措置はなく、一般財源へ組み込まれた。

一九九二年　炭素税は、ＥＵ型提案「炭素・エネルギー要素」（炭素含有量五〇％、エネルギー発熱量五〇％へ課税）へ依存する税へ発展し、税率を本格的に引き上げ、エネルギー多消費部門への軽減措置が導入された。

一九九六年　エネルギー規制税（Regulatory Energy Tax: RET）が導入され、小規模エネルギー消費者を対象に、高税率を賦課した。熱・電力利用を対象とし、所得税減税を、九六～九八年の三カ年間おこなった。

環境税の主管官庁は、環境省から九二年以降は財務省となった。環境省は課税標準の論拠の提出等を分担する。課税対象は、天然ガス、電力、鉱物油である。風力・太陽光・バイオマス等発電のグリーン・エネルギーは無税で、エネルギー規制税（ＲＥＴ）は家庭用天然ガスに課税される。納税者は、電力会社等全国一四～一五企業である。税制優遇措置では、天然ガスの一〇〇万㎥以上の大量使用に関しては低税率を定める。

環境税については、多くの要因が介在するため、その事後評価は難しい。しかし、環境税の導入によって国家レベルでエネルギー使用量が減少し、特別な助成や環境税の免除も加わって、グリーン電力、持続可能な再生可能なエネルギーへの転換が進んだ。

また環境税は、エネルギー節約のインセンティブを与え、エネルギー節約投資を呼び起こし、エネルギー効率を向上させた。オランダは世界で最もエネルギー効率の高い国となった。炭素排出権取引の機運が盛り上がり、〇五年には本格的導入が予想される。エネルギーを多量に消費する企業は、政府と自主協定であるベンチマーク・コベナントを締結し、環境税の減免とあわせ、エネルギー削減計画を進展させた。

オランダ農業の主要部門は、畜産と園芸である。畜産・酪農は、チーズ等乳製品を輸出する。温室園芸業は、エネルギーを多く消費する国際競争力のある輸出部門である。エネルギー費用はコストであり、省エネルギー転換は重要である。環境税は、自然と調和する農業を生み出す、いわば「栄養素」である。〇二年には、農業者の環境行動様式の変化を目的とした、農薬税の導入が検討される。農業に用いられる地下水の量は膨大である。硝酸カリウム・化学肥料の多投は、環境に負荷を与える。ワーヘニンゲン大学農業経済学研究所の報告書『農業環境における協同協定』(二〇〇二年)によれば、農民と飲料水供給者との相互間の自主協定によって、農薬や化学肥料の使用に関する規制を定めること、また地下水を利用する公企業と契約を結ぶことなど、地域環境の保護へ貢献する働きが進展している。

温室園芸業と環境税・軽減措置

エネルギー規制税（ＲＥＴ）の基底には、小規模エネルギー使用者の高税率と、雇用者所得税の低税率をバランスした「高い環境税と低い所得税」の均衡思想がある。つまりＲＥＴは、産業規模とエネルギー消費量の規模が大きくなるにつれて、課税率を低減させる、「規模に対する税率の逓減性」を設計思想とした。大規模産業に有利となる税率である。これは大規模産業の国際競争力の維持は国益・国民益であるという観点から、国民の理解を得ている。

オランダの園芸業は、農業生産額全体の三八％、農業輸出額の三七％を占める。園芸生産価額は六八億ユーロ、うち温室園芸は四四億ユーロである。雇用効果は四八万人である。世界市場を舞台に、果実・野菜の輸出仕向け率は五〇％、切り花で六〇％を超え、球根では九〇％に達する。生産総コストに占めるエネルギー費は一五～二〇％で、熱源の九〇％は天然ガスである。育苗には熱電併給プラントを利用し、植物成長プロセスでは余剰熱は貯蓄して夜間に用い、エネルギー効率を高めている。

オランダの温室園芸業には、エネルギー集約性、企業者の小規模性、国際競争力の強靭性、という三つの特性がある。政府は、かかる特性をもつ温室園芸業を特例とし、天然ガス税を無税とする免除措置を定めた。ＥＵ委員会は、この特例措置を承認した。九八年にはエネルギー規制税を無税から低税率とし、〇一年には環境税の低税率を賦課した。

温室園芸の環境自主協定

オランダの園芸商品連合会は、果実、野菜、花卉、温室に関連する一八の加盟団体から構成される。予算は、一億ユーロ（販売促進費、研究開発費、品質管理検査費等）、売上高の一％（球根部門は三％）を賦課金として徴収し財源にあて、研究開発費は政府助成される。温室園芸は、八〇〜〇〇年に五〇％のエネルギー費用の節約を実行した。九三年には、生産物一単位当たりのエネルギー量（ガス、電気、熱）改善を目標とする、エネルギー長期計画協定が締結された。農薬等の化学資材への依存は減り、生物的害虫管理の普及がみられる。

政府と生産者団体は相互に「エネルギー長期計画」を締結し、環境自主協定（コベナント）を契約する。団体は環境税の軽減措置を受けるなど、環境税の支払いとコベナントは一体化している。温室環境協定は、一〇年に三五％のエネルギー費節約を実施し、毎年四％の省エネ実施を目標とする。〇二年には第三次コベナントが開始され、エネルギー費用の節約、農薬削減、流通包装資材の削減等の包括的な合意を結び、エネルギー削減へ前進した。

温室園芸は、九六〜九九年の間、天然ガス・エネルギー規制税を免除された。その理由は、温室ガス費用が総生産費用の一五％を超えること、輸出比率が高く国際競争力を維持すること、エネルギー費用節約の長期契約があること、等である。二〇〇〇年以降は、エネルギー規制税を支払っているが、表11-1のように、一般消費者の税率に対して、エネルギー規制税の減免措置が実施されている（二〇〇二年度実績例）。

温室園芸ではＣＯ２排出権取引が具体化し、共通の方向が模索されている。コージェネ施設（熱電併給システム）を導入し、温室園芸業の二五％がコージェネ施設である。また使用電力の四〇％は、グリーン電力である。税制優遇措置により、旧エネルギー・既存電力コストと競争できる、グリーン電力供給コストが可能となった。

4　バイオマス・ニッポン総合戦略

二〇〇二年一二月に閣議決定された「バイオマス・ニッポン総合戦略」は、二酸化炭素の排出を抑制し、循環型社会を形成し、農林漁業・農山漁村を活性化するため、バイオマスの活用を定めた。再生可能な生物由来の有機性資源で、大気中のＣＯ２を吸収・固定化する「カーボン・ニュートラル」な特性をもつ資源の活用である。メタン発酵処理（発電・熱利用プラント）、バイオディーゼル燃料（廃食用油・菜種油）、Ｃ１化学（メタノール転換）等のバイオマス・エネルギー、および、乳酸原料の生分解素材等のバイオ・プロダクツ開発等、バイオマスの新しい利用が構想されている。つまり、バイオマス関連

表 11-1　オランダ温室園芸業のエネルギー規制税減免措置

（単位：ユーロセント）

年間使用量（㎥）	一般消費者	温室園芸業
0～5,000	12.4	0.165
5,000～170,000	5.79	0.077
170,000～1,000,000	1.07	0.014
1,000,000～	0	0

注：天然ガス 1㎥当たりの税額を示す.

産業を育成する総合戦略である。「広く、薄く」存在し、収集コストのかかるバイオマスの生産、収集、変換、利用の各段階を有機的に結合・循環する社会的システムの構築である。そのため、高効率の収集・変換技術（醸造業）の採用、多種多様な燃料や有用物質を生産するバイオマス・リファイナリーの構築、バイオマスを段階的に段々滝（カスケード）のように利用することを目標とする。基本戦略は、バイオマスの生産・収集・輸送に関する戦略、バイオマスの変換に関する戦略（高変換効率手法と付加価値化）、バイオマスの変換後の利用に関する戦略（環境税とポリシーミックス）等である。農山漁村は、バイオマスの生産・利用の場として活用される。さらにバイオマスから得られるエタノールをガソリンに混合した自動車燃料の利用も推進する。

以上が、「バイオマス・ニッポン総合戦略」の骨子である。しかし新エネルギーの開発と利用へ転換する経済的手段が十分には示されていない。本章で紹介したEU環境税のように、新エネルギーを利用すれば市場評価で有利となるという経済的誘因が不可欠である。新技術システムの提起のみでこの転換が成功するであろうか。バイオマスが定着するための経済的条件の検証が必要である。たとえば、沖縄のさとうきびは、精糖プロセスでバガス（サトウキビのしぼりかす、繊維原料）や糖蜜等の副産物を生産するが、これらはエタノール等のバイオマスの重要な資源である。翔南精糖社（豊見城村）は、バガスを熱電併給コージェネ・プラントで利用している。しかし糖価安定法は、砂糖価格を支持し、副産物価格との格差は七～八倍と大きい。現行の価格政策のもとでは、砂糖の精錬へ集中し副産物を出さないモノカルチャー技術が追求される。糖価支持が副産物（バイオマス）利用を阻害している。一方、ブラジルの自動車燃料では、さとうきび精製エタノールを原料とするバイオ燃料のガソリン混合比率は、二〇～二五％に達する。新エネルギーとバイオマスの領域における価格政策の再構築――主産物価格と副産物価格との関係改善、副産物市場の成熟――が緊急課題である。強力な経済政策をともなう、バイオマス総合戦略の確立が求められている。

第12章　食料・農業・農村再生プログラム

1　一九九九年食料・農業・農村基本法

「未来への架け橋」（小渕恵三元総理）を築く食料・農業・農村基本法（新基本法）は、九九年七月に施行され、その目的を「食料・農業及び農村に関する施策を総合的かつ計画的に推進し、もって国民生活の安定向上及び国民経済の健全な発展を図ること」（第一条）とした。旧農業基本法が、前文で「農業従事者が他の国民各層と均衡する健康で文化的な生活を営むことができるようにする」としたのとは、大いに異なる。新基本法は、国民生活の安定化、国民経済の発展が目的である。とくに、食料の安定供給の確保と農業の多面的機能の十分な発揮、の二点を目標とする。第一点の食料の安定供給について、「良質な食料の合理的な価格で安定供給」（同第二条第一項）するために、国内農業生産の増大を図り、かつまた輸入と備蓄を適切に組み合わせ（同第二項）ることが求められる。さらに不測時の食料安全保障（第一九条）により達成される、とする。第二点の農業の多面的機能とは、国民への食料供給と農業生産とともに、国土の保全、水源の涵養、自然環境の保全、良好な景観の形成、文化の伝承等の、公共財を提供することである。新法は、公共政策としての目的を鮮明にした。

このように新基本法における食料の安定供給は、「国内農業生産の増大を図ることを基本」（第二条第二項）とする。WTO農業協定第一二条は、食料輸出国の輸出禁止を認めるが、これは食料輸入国の立場を不安定にする。米国輸出管理法は、農産物輸出の禁止をおこなえると定める。輸出禁止自由の保留は、輸出国と輸入国との著しい権利の不平等である。したがって新基本法は、日本の食料輸入国の立場から、その第一九条で、「不測時の食料安全保障」として「国民が最低限必要とする食料の供給を確保するため必要があると認めるときは、食料の増産、流通の制限その他必要な施策を講ずる」とする。国内四九五万haの耕地で供給できる食料は、一人当たり一七六〇カロリー、蛋白質五二グラムにすぎない。戦後直後の食料不足時の水準である。それゆえ、国民参加型の生産・消費の指針を定め、「食料自給率の目標」（第一五条第三項）に沿って自給率を向上させ、国民の食料不安に応えていくことが新基本法の大きな課題となっている。現代日本人の食生活は、栄養過多、動物性脂肪過多の傾向がある。多様な穀物・果実・野菜の消費拡大をはじめ、強力な食生活改善運動が必要である。新基本法は、第一六条第二項において「健全な食生活に関する指針の策定、食料の消費に関する知識の普及及び情報の提供」が急務であると定めた。

農業の持続的発展

食料・農業・農村基本法は、「農業の自然的循環機能が維持増進されることにより、その持続的な発展が図られなければならない」（第四条）とする。国連環境計画等の報告書『地球を大切に』（一九九一年）は、世界経済の持続的発展を「人々の生活の質的改善を、その生活支援基盤となっている各生態系の収容能力限度内で生活しつつ達成すること」とした。九二年に発表された「新しい食料・農業・農村政策の方向」は、環境保全型農業を「農業の有する物質循環機能などを生かし、生産性の向上を図りつつ環境への負荷の軽減に配慮した持続的な農業（環境保全型農業）」と定義した。

新法は、「国は、農業の自然循環機能の維持増進を図るため、農薬及び肥料の適正な使用の確保、家畜排泄物等の有効利用による地力の増進その他必要な施策を講じる」（第三二条）としている。「農政改革大綱」は、より具体的な政策課題に敷衍し、農業の持続的な発展に資する生産方式、家畜ふん尿の適切な管理・利用、有機性資源の循環利用、農業生産に係る循環機能面に関連した政策、農業分野における地球規模での環境問題への対応、地球温暖化対策推進法に沿った温室効果ガスの排出抑制等、を指摘した。農用地利用に立つ畜産システムを回復し、放牧を中心とした搾乳、堆肥投入中心の土づくり、輪作、有機農法等の検討も求めている。

農業の多面的機能

新基本法は、農業の多面的機能を強調する。農業は、農産物を生産しつつ、これと一体的に、国土の保全、水源の涵養、自然環境の保全、良好な景観の形成、文化の伝承、等の非農産物の複数財を生産する。市場では評価されにくい環境外部性である。非排除性あるいは非競合性という公共財の要件をみたす。日本は、多雨気候のもと急峻な国土に人口が密集するという特性がある。農業と農村社会の存在は、国民へゆとりとやすらぎ、心の豊かさを提供している。農業生産により生ずる多面的機能は、適切かつ十分に発揮されねばならない。新基本法は、第五条「農村の振興」で「農業の有する食料その他の農産物の供給の機能及び多面的機能が適切かつ十分に発揮されるよう」農村の振興をはかるとする。第三五条「中山間地域等の振興」では「農業の生産条件に関する不利を補正するための支援をおこなうこと等により、多面的機能の確保を特に図るための施策を講ずる」とした。不利な条件を「補正支援」し、むらに人が定住できる施策を重視する。

欧州連合（EU）の条件不利地域における直接所得保障、価格政策から分離した環境直接支払い、デカップリング政策が注目される。兼業農家が多いわが国では、EU型の直接所得保障は、国民のコンセンサスを得ることが困難であると判断された。中山間地域の主体に焦点をあわせ、施策の透明性をもった公的支援が有効である。九九年に始まった直接支払い事業は、特定農山村活性化法、山村振興法、過疎法等によって、「条件不利に法的に指定された市町村」の一ha以上の面的なまとまりのある集団農地を対象に、地目別、傾斜度別の補助単価を設定する。農業生産を五年以上継続し、多面的機能の増進につながる行為をおこなう協定を守る農業者へ支払われるとする。農業の多面的機能を確保することを目的としている。社会にとって価値ある農業のもつ環境外部性、公共性への助成金支払いである。

2　欧州マルチファンクショナル農業論

二〇〇二年にスペインのサラゴサで開催された欧州農業経済学会では、マルチファンクショナル（多面的機能）農業論が焦点となった。論争のベースは、経済開発協力機構（ＯＥＣＤ）の報告書『農業の多面的機能』（二〇〇〇年）である。同報告書によれば、「持続可能性」は、将来世代のニーズを踏まえた資源に着目した目標指向的な概念である。これに対比して、「多面的機能」は、生産プロセスにおける複数の生産物に関する活動に着目した社会的規範概念である。農業の多面的機能を、供給・需要両面から把握してみよう。まず供給面は、農産物と景観などの非農産物が複数財として一つになって生産される。つまり複数財である農産物と景観等の非農産物に相互依存性があり、土地等の分割不可能な投入財によって一体的に生産される。農業景観は、自然と人工物のコンビネーションから生まれる。土地利用や農法は生物多様性に影響し、農業雇用は農村の活性化へ貢献する。こうした供給・生産の一体性である。

次に、需要面は、市場に内部化されない外部性、私有財ではない公共財の性格をもつ。農業の生産活動にともない、環境便益、農村アメニティ、国土保全、食料安全保障、地域活性化など多様な環境外部性をもつ。これら非農産物の公共財的性格は、純粋公共財からクラブ財へ至る幅広い特性をもつ。たとえば、農村景観は、住民の「限られた地域」に便益をもたらす地域公共財である。訪問者にはオープンアクセス資源である。文化伝承は、歴史的遺産など訪問者に対して、排除性を確保できるとクラブ財となる。農業の伝統価値や習慣は、地域住民にもっとも評価される地域公共財である。野生生物と生物多様性は、狩猟やバードウォッチング等の便益を提供するコミュニティ資源である。将来世代へ資源を保全する純粋公共財でもある。洪水防止・土壌保全・土砂崩壊防止の機能は、地域公共財である。地方自治体と農業者との直接保全契約（コベナント）が可能となる。地下水涵養の機能は、構成員に対して開放されるコミュニティ資源である。食料安全保障は、非排除性をもち、不定時の混雑によっては確実性が減少するオープンアクセス資源である。地域雇用は、地域維持の効果から地域公共財である。都市過密防止から純粋公共財である。地域の活性化をはかる「コミュニティ支援農業」は、地域食料供給・農地緑地保全・コミュニティ維持などの複数の準公共財を供給するマルティプロダクト・クラブ財である。以上、農業の多面的機能は、供給面の一体的生産、需要面の環境外部性と公共財性格からきわめて多角的に把握される。

農業の多面的機能について、日本学術会議答申「地球環境・人間生活にかかわる農業及び森林の多面的機能の評価について」(二〇〇一年) は、以下の三グループの機能を示した。第一は、持続的食料供給による国民食料の安心の確保、第二は、物質循環系による補完、つまり物質循環系の形成

（水循環の制御・環境負荷の緩和）と二次的自然の形成（生物多様性の保全・土地空間の保全）、第三は、地域社会の維持、つまり地域社会と文化の維持、都市的緊張の緩和である。なお欧州農業経済学会では、日本提案は多くの機能を包摂しすぎており、日本固有の機能へ絞り込むべきではないか、といった議論がなされた。

3　二〇〇二年「食」と「農」の再生プラン

二〇〇二年「『食』と『農』の再生プラン」は、〇一年九月に発生したBSE問題の与えた衝撃、および食品虚偽表示問題の不信感を払拭し、「食」と「農」を再生し、国民の信頼を回復するための提案である。「食」の安全性の大胆な組織改革、「農」の構造改革の加速化、「美の国づくり」を目標に掲げた。これにともなって、食品安全基本法と食品安全委員会設置法、農林水産省設置法改正といった法整備がおこなわれた。「農場から食卓へ」顔の見える関係を構築するため、トレーサビリティ・システム（食品原産地遡及）を導入するとした。具体的には牛肉の個体識別を流通段階のすべてに義務づけ、食品生産工程履歴のJAS規格化、表示項目（品種・産地・原材料）の検証、HACCP手法支援法の延長が進められた。また、「食の安全運動国民会議」が発足し、食品表示制度の改革、違反者の公表とペナルティが強化された。「ブランド日本」食品の提供、国内産地の優位性を活かす「地産地消」の産地戦略、取引の多元化・電子化・一貫システム化等の、食品流通の構造改革が目標である。

農業生産の構造改革として、経営の法人化、新規就農者の支援、農業経営の株式会社化、集落営農の活性化、産官学の連携による研究開発の促進が図られ、米生産調整の抜本的な改革、市町村における土地利用調整条例の設立が進められている。

農村の振興では、「e－むらづくり計画」、ITを活用した農業経営の確立、ゼロ・エミッションをめざす生物系廃棄物の循環活用、新エネルギー開発、自然再生プロジェクトを推進し、棚田・里地・里山の保全、原風景の再生、災害リスクから守られた農山漁村の形成を目標とした。

以上の再生プランは、視点が国内に局限されていることが問題である。BSE問題の発端は、明らかにグローバル化の否定的な影響である。BSEは、欧州起源の異常プリオン蛋白を含む肉骨粉による感染で発生した。家畜の飼料など農業投入財にまでいかに遡及するか。トレーサビリティは、消費者からさかのぼって、国内流通、加工、最終生産、さらに、国境を越えて、投入財生産国における輸出、流通、生産へ遡及することが求められる。この点で、国際的に貴重なのは、動植物検疫制度である。国際条約により各国が情報の提供を義務づけ、相互侵入を防止することが定められた。食料輸入大国の日本は、グローバル化のネガティブな影響を遮断するべく、国際機関において、たとえば「食品安全性監視条約」などの国際制度の成立をリードすべきではないか。WHO・FAO合同の食品規格・コーデックス委員会は、あまりに農産物輸出国よりの制度である。BSE問題の原因となった異常プリオン蛋白を含む肉骨粉の国際取引に、有効な監視措置をとりえない。この反省にたった農業再生プログラムが不可欠である。

4　安全で安定した国民食料の供給

食の再生プログラム

食料と農業と農村の相互関係のなかで、日本の食料自立と農業再生が可能となる。食料消費の再生、持続可能な農業、市民社会による地域振興、この三つの結合が重要である。再生プログラムに共通する基本的視角は、人間と自然の共生、バイオマス活用、資源循環型社会へ向けた、アジアとの共生、市民諸活力の発揮である。

第一点の食料再生プログラムを考えたい。食と農とが分離し、国外から多様な食料・原材料等が輸入されるなかで、予測の難しい食の危険が増大した。そこで食の安全性を確保するためには、食料の生産から消費へ至る一貫した管理体制を確立し、食品表示の適正化、原産地の表示、検査と認証制度の改善が求められる。その際に消費者の保護を第一とし、予防原則を踏まえたリスクの評価、管理、情報開示等を可能とする法制度と食品安全組織を改革し、その実効性を高めていかねばならない。

次に、食料消費に関する知識普及と情報提供が重要である。たとえば、若者の果実離れが進んでいる。〇〇年の一人当たりの年間果実消費量は四一・五kg、一九七五年の半分である。ファースト・フードへの依存から、脂肪質摂取量が過多となる。果物のある食生活推進全国協議会（坂本元子和洋女子大学教授座長）が提唱している「毎日果実二〇〇g運動」は、生活習慣病や癌予防の健康という観点から、ビタミンACE、カリウム、ポリフェノール、繊維質の摂取など、消費者の食生活をどのように取り戻していくかを提起する、画期的で新しい運動である。こうした政府・団体の役割と同時に、食品産業の健全な発展、食と農を連携する消費者の個人の役割が求められる。市民諸活力として注目しておきたいのは、たとえば生協の運動である。首都圏コープは、安心、安全、環境への配慮を掲げている。BSE問題の契機となった肉骨粉を使用しない安全な産地との取引、遺伝子組み替え作物（GMO）の原料使用表示など、食と農とを消費者の視点から結んでおり興味深い。いくつかの原則をたて食品産業を農業と消費者の視点から結んでいく。政府のプログラムと同時に、市民社会の新しい働きに注目したい。国内産直の経験を踏まえて、「国際産直」という形で、環境にやさしい海外産地や女性雇用にダメージを与えない海外産地と提携している。こういう二原則を掲げ「選択的な消費」が始まっている。食の安全と健全な食生活にとって、食と農との提携を求める、市民社会の成熟が不可欠である。そういう意味で、食の再生と、食の国境調整がどのようにリンクしてくるのかということが、次に問題となってくる。

アジアにおける食の再生と日本の役割

食料安全保障には、国内生産の増大を図りつつ、輸入の多角化・安定化と食糧備蓄を適切に組み合わせることが必須である。世界の穀物在庫率が低下し、穀物の輸出地域と輸入地域が分化した現状では、食料需給は短期には過剰が、長期には逼迫が予想される。過剰と不足が併存するのである。国境調整の手法は、これまで農業を丸ごと保護する護送船団方式であった。不確実性の時代において、管理された市場秩序という方向へどう転換していくのか。透明性・公正性をいかに確保していくのか。世界の農産物貿易に大きな影響力をもっている多国籍企業に対する政策をいかに確立するのか。二〇〇二年には中国・韓国からの野菜輸入で国内で禁止された残留農薬が問題化した。緊急輸入制限、特別セーフガード政策をはじめ、二一世紀の二〇年先を見据えた国境調整政策を、アジア地域の共通の食料安全保障として考えてゆきたい。

たとえば、第6章でもみたが、北米自由貿易協定（NAFTA）では、セーフガード政策が完全に定着している。カナダ・アメリカ・メキシコ相互間貿易で、低コスト、低価格の農産物の輸入量急増に対し、セーフガードを品目別にまことに綿密、詳細に組織している。市場経済の攪乱を除去し、秩序ある市場経済システムをどう構築するのか。食の再生のため、きわめて大切な課題である。そういう意味では、国境調整のさらに奥へ広がる食のグローバル情報ネットワークをどう構築するか。BSE問題で最初に発症した三頭の感染牛は、九六年生まれという共通の特徴がある。九六年には、肉骨粉が国際飼料市場で過剰となり、だぶついていた。また当時輸入規制を緩和する国際機運が強まっていた。グローバル化の負の影響としてBSE問題が生じたのである。原料にまで遡及した食のグローバル情報ネットワークの構築が緊急の課題である。政府・団体・在外機関、海外日系企業、市民団体や海外NGO等がそれぞれの役割を発揮して取り組まねばなるまい。トレーサビリティは、トレース、つまり食品原産地を遡及しても産地に信用がなければ安全ではない。取引相手における安全の責務と責任、つまりライアビリティの確保が絶対的に重要である。欧州農業経済学会サラゴサ大会では、トレーサビリティの有効性を主張するEU各国に対して、米国研究者は、ライアビリティこそ重要と力説して激論となった。だが結局は、個人の理性と自由意志、人間性への信頼である。まさに市民社会の成熟が重要なのである。

それはまた、日本の食料輸入の多元化・安定化、アジア等の世界各国農業との共生という課題と結びついている。農業分野の技術協力、援助供与、アジアにおける食の安全と環境修復という観点から、日本はどのようなリーダーシップを発揮できるのか、厳しく問われている。

多国籍企業は欧米主導で、日本の対応は立ち後れた。しかし日系資本のアグリビジネス、食品産業・関連産業は、一九八〇年代末からアジア等各国へ急速に展開している。現地法人へ直接投資をおこない、日本への食料輸入基地を構築し、企業の寡占化、系列化を進め、多国籍企業となっている。第8章でみた、タイのエビ産業はその典型である。多くの日系企業がタイへ進出し、加工食品を製造し、日本へ輸出する。日本企業がもつ食品安全技術や、工場廃液の浄化技術の移転も可能である。さらにマングローブ林、つまりエビ養殖生産の外部経済をなす環境資源、沿岸喫水域の熱帯林を保全し修復するため、日系企業がどのような役割をはたすか、注視されている。究極的には、こうした国際協力の日常的な努力が国際農業交渉へ反映されている。アジアへ展開した日系企業アグリビジネスは、どういう方向でアジアの人々との共生を実現するのか。そういうリアリティのある食の再生プログラムが、第一の論点である。

5　持続可能な農業

食料と農業と農村を結ぶ二番目の環は、資源循環型社会と持続可能な農業の再生である。持続可能な農業とは、各生態系の収容能力の限度内における食料生産である。自然循環機能農法は、エネルギー代謝と物質循環に依拠し、これを促進する機能を重視する。農薬および肥料の適正な使用、家畜排泄物等の有効利用、地力の増進を強調する。しかし持続可能な農業は、新エネルギー物質代謝、人間と自然が共生する技術、生態系を尊重するエコロジーのEのみでは成立しない。地域の食品加工や独自流通等、経済的にも自立可能なエコノミーのE、そして社会的にも市民に支持される倫理性をもつエシックスのE、という三つのEを満たすものである。つまりホリスティックな、全体的な持続可能性が求められている。その結合性に政策努力の中心がある。

第4章でもみたが、米国ニューヨーク州のコーネル大学は、有機牛乳普及プログラムを進行中である。その担い手は、近代的な大型酪農ではなく、家族農業的なスモール・ビジネスである。牧草地に放牧し、自給穀物を供与する。育成牛個別ハッチを利用し、化学肥料・農医薬・成長ホルモンへ依存しない方向へ転換している。巨大成長を追求せず、大量生産・大量廃棄型畜産から軌道を修正している。重要なことは、活動を支える市民サイドの支援である。有機牛乳は、通常牛乳が一〇〇ポンド（CWT：四五・三kg）当たりの卸売価格が一五ドルに対し、二一ドルになる。そのプレミアムを市民サイドで意識的に負担する。市民が支える農業、コミュニティーが支える農業である。

多様な担い手をどのように保全していくのか。いかに自由で多様な経営展開の舞台をつくりあげるか。日本でも家族農業の法人化、集落営農の特定法人化、公的な組織的法人化など多様なタイプがある。市民社会に支持される担い手は、農業以外の異業種を経験し、企業社会とも開放的な情報交換ができる新しい担い手である。古い農村に捕らわれない担い手を求めている。市場、政府、市民社会の役割をいかに適切に発揮するのか。国際調整のなかで、いかに農業の担い手を育て、どのように国内農業を維持し、支援していくのか、こういう政策が必要である。

グローバル化とは、市場を開放した結果、年間を通じて絶え間ない市場の供給圧力にさらされる過程である。現在、市場は飽和状態である。自然を相手とする農業のさまざまな原因による供給変動が、ただちに価格変動に結びつく。不確実性、市場経済の激変をいかに緩和するのか。グローバル化時代の農業政策にとって、重要なポイントである。

第9章でみたが、生産者の自主努力による需給調整、生産制限計画と結びついた、生産者を直接支援する品目別の経営安定対策が構想された。みかんやりんご等では、生産者への直接交付金制度が新設された。農業者組織や、認定農業者といった範囲を限定したうえで、過去六カ年の平均価格に変動指数を乗じて算出した補塡基準価格と当年の下落価格との差額の八〇％を補塡する。グローバル化した市場における、直接支払いによる新しい政策対応である。財源確保の問題をはじめ、国際調整のなかで、農業の担い手を育て国内農業を維持し支援する可能な政策をどのように構築していくのか、ここに大きな課題がある。

6　農村と都市を結ぶ農村再生プログラム

最後に、農村再生プログラムを考えたい。農業は食料供給という本来の機能に加えて、国土・環境・景観の保全などの公共財を国民へ供給する機能をもつ。農村は、経済効率性の視点だけではなく、ゆとり、やすらぎ、心の豊かさをもたらす場である。人々が農村へ定住するためには、生活環境の整備が不可欠である。青森県相馬村では、地域下水道などのインフラの整備、市民農園と分譲住宅団地の創設、グリーンツーリズム開発による農村と都市との文化的交流等の活動を重視した。農村を地域ととらえ、担い手を農的市民、農のある市民と把握する。リーダー機能や住民のエンパワーメントを高める。これが内発的な発展力である。農村に新しい市民社会をつくりだす市民諸活力を活かした農村再生プログラムを、各地でさらに加速させる必要がある。第11章でみた環境税と「バイオマス・ニッポン戦略」による、生物分解性資源、農業・食品産業廃棄物資源、林業・関連産業廃棄物、産業・都市廃棄物等からの多様なバイオマス源泉を活かした、バイオ燃料、地域暖房、グリーン発電、コージェネ等の新エネルギー開発は、農村再生プログラムの核となる。

以上が、グローバル化の時代における食料・農業・農村の再生プログラムの政策課題である。グローバル化に対応し、これを乗り越えるローカル化の展望は、持続可能な内発的発展である。それは、住民のエンパワーメント、市民諸活力をどう活かしていくかにある。つまりサステイナブルな地域資源管理であり、人間と自然との共生である。なおかつ世界食料経済との調整を可能とする公共政策の確立が求められる。そのためには未来予測性がまず必要である。人々の健康と食の安全、環境の保全と農業の多機能性に注目しなければならない。そして公正で透明な市場経済秩序の構築も重要である。とくに環境外部性をいかに市場内部化していくのか。

さらにアジア的な農村共同体の伝統を止揚して、住民の組織的な結集力を高めていくことも大切である。都市と農村との交流、高齢者や女性の自立、市民諸活力を担う新しい自立した個の協調のシステムである。山形県高畠町は、都市の多様な職業経験をもつ新規参入者を迎えて活性化し、環境に配慮し、開放的で市民諸活力に満ちた公共空間を形成している。こうした知的資産を活かした食料・農業・農村の再生プログラムにとって、研究開発力のフル活用が重要である。大学のキャンパスと地域のフィールドとの結合、キャンパスとパブリック・スペースとの結合、そしてキャンパスに内在する科学と知的資産の蓄積・拡充である。つまり大学における科学技術・教育研究の重要な役割が見えてくる。こういう問題をトータルに把握し、グローバル化に対するローカル化のあり方、内発的発展の道筋をどう切り開いていくのか。そこから豊富な農業政策の提案が生まれてくるのではないか。

あとがき

世界貿易機関（WTO）農業交渉は、二〇〇三年三月末に自由化の大枠・保護削減の基準（モダリティ）をめぐる合意期限を控えて行き詰まり、ハービンソン議長は合意断念を宣言した。〇三年九月のメキシコ・カンクンの閣僚会議は、米国・EU共同提案を反映した合意文書案に対する開発途上国からの批判と反対が大きく、妥結には至らなかった。予想された事態ではあるが、関税の極端な一括引き下げを求める米国・ケアンズ諸国等案と、UR交渉方式の現実的な引き下げを主張する欧州連合・日本等案との対立、および先進国の補助削減と「特別待遇」を求める開発途上国とのさらに大きな対立があまりに深かった。この背景には、本書で検討してきたような、自由に農業を展開できる新大陸の価値観と、食と農の伝統と国土・地域社会を維持する旧開国の価値観、さらに南北格差のもとで農業自立を要求する途上国の価値観との三つどもえの衝突がある。

北イタリアのピエモンテ州トリノ市南西の田舎町、ブラで生まれたアルチゴーラ・スローフード協会は、ゆとりのある質の高い食生活を実現し、人間性を回復するため、郷土料理を見直し、小生産者を守り、子供たちの味の教育を進めている（島村菜津『スローフードな人生』新潮社、二〇〇二年）。人々の生命の源である食材、料理など食文化の再評価、内なる社会の安定が目標である。トスカーナ地方には、「秋になると、クリが実る。地面に落ちたクリは、だれのものでもない。どんな人間でも、欲しければ、自由にひろって食べていい」という中世からのおきてがあり、「お母さんが、カスタニャッチャという、ずっしり重くて、甘みのあるパンを作ってくれた。貧乏人のパンだよ」（須賀敦子『コルシア書店の仲間たち』白水社、二〇〇一年）といった風土がある。途上国の飢餓に苦しむ人々を視野にいれ、食の多様性と独自性を頑固に持続し、しなやかで開かれた社会性のある農業をいかに構築するのか。国際社会は、「小舎小春しんがり仔牛は抱き入れ」（母遺句）のように、相互理解、寛容と人類愛の精神にもとづき、国家というビリヤードの硬い玉の内部に着目しながら、心豊かで平和的な農業交渉の解決をはかれるように祈りたい。カユガ湖畔の小高い丘にあるネルソン・ビルズ教授宅のテラスから、湖に没していく美しい夕陽を見続けていたことを想い出す。この夕陽は、「黄昏の帝国」と、太陽が昇ろうとするアジア、両者の国際関係を物語っていたのではないか。日本とアジアの共生は重い意味をもつ。

本書を執筆するきっかけは、進藤榮一教授のお誘いで、筑波大学先端学際領域センター客員研究員を委嘱され、「アジア総合安全保障の構築」プロジェクトに参加したことである。グローバル化とアジアとの共生、市民社会の諸活力がキーワードであった。また、科学研究費「アジアにおける持続的食料貿易と環境保全型開発に関する研究」（九七〜〇〇年：代表者）「アジアと南米における資源循環型の農業開発政策に関する研究」（〇一～〇四年：代表者）、二一世紀COEプログラム「新エネルギー・物質代謝と生存科学の構築」（〇二～〇六年）、等の研究と交流が基礎となっている。

さらに、東京農工大学農学部で担当する「国際農業論」の講義ノートをもとに、「本質的なものを分かりやすく」を目標に本書を執筆した。大学院の講義「地域開発政策学」のテキストである拙著『アグリビジネスの国際開発』（〇一年）も参照いただきたい。前著でカバーできなかった農業政策論、日本農業の再生プログラムが本書の領域である。

食料・農業・農村政策審議会委員・生産分科会会長代理・果樹部会長、中央果実基金評議員、外務省中南米局食料資源フォーラム委員、食料・農業政策研究センター特別研究委員等として、各界の方々と交流を深め、知的情報を交換したことが、政策研究の普及性、社会貢献性、公共性を厳しく問い直す助けとなった。梶井功前東京農工大学学長、今村奈良臣東京大学名誉教授をはじめ多くの方々に、この場をお借りして心より御礼を申し上げたい。索引作成には院生の廿日出津海雄君の手を煩わせた。また本書の出版をお引き受けいただいた日本経済評論社出版部谷口京延氏、奥田のぞみ氏に厚く御礼申しあげたい。

二〇〇三年九月一七日

豊田　隆

参考文献

〔日本語文献〕

石弘光『環境税とは何か』岩波新書、一九九九年。

石井章編『ラテンアメリカの土地制度と農業構造』アジア経済研究所、一九八三年。

磯辺俊彦『日本農業の土地問題』東京大学出版会、一九八五年。

磯辺俊彦・常磐政治・保志恂編著『日本農業論』有斐閣、一九九三年。

今村奈良臣『現代農地政策論』東京大学出版会、一九八三年。

今村奈良臣編著『農政改革の世界史的帰趨』農山漁村文化協会、一九九四年。

今村奈良臣・服部信司・矢口芳生・加賀爪優・菅沼圭輔『WTO体制下の食料農業戦略―米・欧・豪・中と日本』農山漁村文化協会、一九九七年。

今村奈良臣・松浦利明編『社会主義農業の変貌』農山漁村文化協会、一九八八年。

今村奈良臣・劉志仁・金聖昊・羅明哲・坪井伸広『東アジア農業の展開論理』農山漁村文化協会、一九九四年。

宇沢弘文・國則守生編『地球温暖化の経済分析』東京大学出版会、一九九三年。

荏開津典生・樋口貞三編『アグリビジネスの産業組織』東京大学出版会、一九九五年。

荏開津典生『農業経済学』岩波書店、一九九七年。

OECD著、空閑信憲ほか訳『農業の多面的機能』農山漁村文化協会、二〇〇一年。

OECD著、天野明弘訳『環境関連税制』有斐閣、二〇〇二年。

大野健一『途上国のグローバリゼーション』東洋経済新報社、二〇〇〇年。

小沢健二『カナダの農業と農業政策』輸入食糧協議会事務局、一九九九年。

加賀爪優『食糧・資源輸出と経済発展』大明堂、一九九三年。

梶井功『小企業農の存立条件』東京大学出版会、一九七三年。

梶井功『日本農業のゆくえ』岩波書店、一九九四年。

梶井功『新基本法と日本農業』家の光協会、二〇〇〇年。

片平博文『サウスオーストラリアの農業開発』古今書院、一九九五年。

勝俣誠編『グローバル化と人間の安全保障』日本経済評論社、二〇〇一年。

加藤一郎・阪本楠彦編『日本農政の展開過程』東京大学出版会、一九六七年。

紙谷貢編『国際農業開発学の基本課題』農林統計協会、一九九六年。

北出俊昭『日本農政の50年—食料政策の検証』日本経済評論社、二〇〇一年。

D・グローバー／K・クスタラー著、中野一新監訳『アグリビジネスと契約農業』大月書店、一九九二年。

小池洋一・堀坂浩太郎編『ラテンアメリカ新生産システム論』アジア経済研究所、一九九九年。

後藤光蔵『都市農地の市民的利用』日本経済評論社、二〇〇三年。

是永東彦・津谷好人・福士正博『ECの農政改革に学ぶ』農山漁村文化協会、一九九四年。

是永東彦監修『国際食料需給と食料安全保障』農林統計協会、二〇〇一年。

近藤康男『現代中国経済論』農文協、一九七八年。

佐伯尚美『ガットと日本農業』東京大学出版会、一九九〇年。

佐和隆光『「改革」の条件』岩波書店、二〇〇一年。

椎名重明『近代的土地所有』東京大学出版会、一九七三年。

生源寺真一・谷口信和・藤田夏樹・森建資・八木宏典『農業経済学』東京大学出版会、一九九三年。

生源寺真一『現代農業政策の経済分析』東京大学出版会、一九九八年。

進藤榮一『アメリカ　黄昏の帝国』岩波書店、一九九四年。

進藤榮一『現代国際関係学』有斐閣、二〇〇一年。

進藤榮一『脱グローバリズムの世界像』日本経済評論社、二〇〇三年。

J・E・スティグリッツ著、藪下史郎ほか訳『入門経済学』（第二版）東洋経済新報社、一九九九年。

高橋正郎『フードシステム学の世界―食と食料供給のパラダイム』農林統計協会、一九九七年。

滝川勉『東南アジア農業問題論』勁草書房、一九九四年。

田島俊雄『中国農業の構造と変動』御茶の水書房、一九九六年。

田代洋一『食料主権―21世紀の農政課題』日本経済評論社、一九九八年。

田代洋一・荻原伸次郎・金澤史男編著『現代の経済政策』有斐閣、二〇〇〇年。

谷口信和『20世紀社会主義農業の教訓』農山漁村文化協会、一九九九年。

地球温暖化防止のための税の在り方検討会『地球温暖化防止のための税の論点報告書』環境省、二〇〇一年。

鶴見良行『バナナと日本人』岩波新書、一九八二年。

暉峻衆三編『日本資本主義と農業保護政策』御茶の水書房、一九九〇年。

豊田隆「危機における生産組織の農民的意義」『農業総合研究』三五―四、一九八一年、五七～一四四頁。

豊田隆「りんご生産と地域農業」『日本の農業―あすへの歩み』一四三・一四四、一九八二年。

豊田隆「経営複合化と土地管理主体」東北農業研究会編『東北農業・農村の諸相』御茶の水書房、一九八七年、五三～一一七頁。

豊田隆「東西ヨーロッパ農業における個と集団」『弘前大学農学部学術報告』四七、一九八七年、一～四一頁。

豊田隆「果樹貿易自由化の基礎構造」『農業経済研究』六〇―三、一九八八年、一三九～一四九頁。

豊田隆『果樹農業の展望』農林統計協会、一九九〇年。

豊田隆「アメリカ農業における農法と企業形態―スノーベルト落葉果樹地帯とサンベルト柑橘地帯との比較研究」『筑波大学農林社会経済研究』一一、一九九三年、一～六四頁。

豊田隆「アメリカ家族農業経営の世代継承―Partnership Farmの企業形態分析」磯辺俊彦編『危機における家族農業経営』日本経済評論社、一九九三年、八九～一二二頁。

豊田隆「高度成長期の農業技術発達の特質と背景」『昭和農業技術発達史　第一巻農業動向編』一九九五年、二五一～二五六頁。

豊田隆「国際フードシステムの多国籍企業」『フードシステム研究』四―二、一九九七年。

豊田隆「タイのエビ産業のアグリビジネスと持続的開発」『開発学研究』一〇―一、一九九九年、二七～三五頁。

豊田隆「果実」『一九九九年度版食料白書・農産物の輸入と市場の変貌』食料・農業政策研究センター、二〇〇〇年、五九～七七頁。

豊田隆『アグリビジネスの国際開発―農産物貿易と多国籍企業』農山漁村文化協会、二〇〇一年。

豊田隆「国際地域開発におけるグローバル化と市民社会―多国籍アグリビジネスの行動様式」『開発学研究』一三―二、二〇〇二年、一一～二〇頁。

豊田隆「懇談会を終えて―農業グローバル化と果実基金制度」『回顧と展望』中央果実基金協会、創立三〇周年、二〇〇二年、一〇七～一〇九頁。

豊田隆「欧州連合（EU）とオランダにおける環境税導入の影響」『平成一四年欧州における環境税導入の影響に関する調査研究委託事業報告書』食料・農業政策研究センター、二〇〇三年。

豊田隆・徳田博美・森尾昭文「貿易自由化と果樹農業の国際化」『筑波大学農林社会経済研究』一二、一九九四年、七三～一四一頁。

豊田隆・森尾昭文・菅井宏武「オセアニアにおけるフルーツ・ビジネスの国際輸出システム」『筑波大学農林社会経済研究』一三、一九九六年、一～五〇頁。

中野一新編『アグリビジネス論』有斐閣、一九九八年。

中安定子・小倉尚子・酒井富雄・淡路和則『先進国家族経営の発展戦略』農文協、一九九四年。

日本農業市場学会編『農産物貿易とアグリビジネス』筑波書房、一九九六年。

日本農業市場学会編『激変する食糧法下の米市場』筑波書房、一九九七年。

農林行政を考える会編『21世紀日本農政の課題』農林統計協会、一九九八年。

農林水産省『農林水産物貿易レポート』二〇〇一年、二〇〇二年、二〇〇三年。

農林水産省国際部監修『世界の食料・農業政策』地球社、一九八九年。

服部信司『大転換するアメリカ農業政策』農林統計協会、一九九七年。

服部信司『WTO農業交渉』農林統計協会、二〇〇〇年。

浜口伸明編『ラテンアメリカの国際化と地域統合』アジア経済研究所、一九九八年。

原洋之介『開発経済論』岩波書店、一九九六年。

藤木俊男「フィリピンにおけるバナナ輸出産業における多国籍企業」日本農業市場学会編『農産物貿易とアグリビジネス』筑波書房、一九九六年、所収。

F・M・ブラウアー／S・ファン・ベルクム著、阿部登吾ほか訳『EU共通農業政策と環境問題』農林中金総合研究所、二〇〇〇年。

逸見謙三監修『アメリカの農業』筑波書房、一九八四年。

星寛治『農から明日を読む』集英社、二〇〇一年。

星野妙子『メキシコの企業と工業化』アジア経済研究所、一九九八年。

堀口健治・豊田隆・矢口芳生・加瀬良明共著『食料輸入大国への警鐘―農産物貿易の実相』農山漁村文化協会、一九九三年。

松島正博『オーストラリアの米産業』家の光協会、一九九四年。

松原豊彦『カナダ農業とアグリビジネス』法律文化社、一九九六年。

村井吉敬『エビと日本人』岩波新書、一九八八年。

森尾昭文・豊田隆「果実輸出システムの形成と垂直的調整―日本とニュージーランドの国際比較」『農業経済研究』六九―一、一九九七年、五二～五八頁。

八木宏典『カリフォルニアの米産業』東京大学出版会、一九九二年。

羅繰根「炭素税導入による二酸化炭素排出の最適制御分析」東京農工大学大学院博士論文、二〇〇二年。

ローズマリー・フェネル著、荏開津典生監訳『EU共通農業政策の歴史と展望』食料・農業政策研究センター、一九九九年。

［外国語文献］

Brink, Patrick Ten, *Voluntary Environmental Agreements,* Greenleaf P. L. Sheffield, UK, 2002.
Buckley, P.J., *The Multinational Enterprise: Theory and Application,* The Macmillan Press, 1989.
Carter, Michael R., B.L. Barham, and D. Mesbah, Agricultural exports booms and the rural poor in Chile, Guatemala and Paraguay, *Latin American Reserch Review* 31: 1, 1996.
Casauri, Garil G., *Dynamic Agroindustrila Clusters, The political economy of competitive in Argentina and Chile,* Macmillan Press, 1999.
Connar, J.M. and William, A.S., *Food Processing: An Industrial Powerhouse in Transition,* John Wiley & Sons, 1997.
Cox, R.W., *Approaches to World Order,* Cambridge U.P., 1996.
Dunning, J.H., *Multinational Enterprises and the Global Economy,* England, Addison-Wesley, 1993.
European Commission, Agenda 2000: For a stronger and wider Europe, 1997.
European Environment Agency, "Environmental taxes: recent development in tools for integration," EU, Copenhagen, 2000.
Goldberg, Ray A., *Agribusiness management for developing countries: Latin America,* Ballinger Publishing Co. MA,

1974.

Hymer, S.H., The International Operations of national firms: A Study of Direct Investment,Ph.D Thesis, MIT Press, 1960 (宮崎義一編訳『多国籍企業論』岩波書店、一九七九年).

Kamiya, Mitugi (eds.), *Impact of Increased Imports on Japanese's Food Market,* Food and Agricultural Policy Research Center, 2000.

Kunston, Ronld D., J.B. Penn, and B. Flinchbaugh, *Agricultural and Food Policy,* Prentice Hall, 1998.

Looney, J.W., *Business Management for Farmers,* Doane Publishing, 1983.

Meilke, Karl and Erna van Duren, The North American Free Trade Agreement and Canadian Agri-Food Sector, *Canadian Journal of Agricultural Economics* 44, 1996, pp. 19-37.

Ministry of Agriculture and Forestry, Annual Report 2000, Bulgaria, 2001.

Morio, Akifumi and Takashi Toyoda, The increasing in Imported Vegetables and the Globalization of Japanese Agriculture, *Agricultural Marketing Journal of Japan* 5: 1, 1996, pp. 42-57.

Richards, Steve, Wayne Knoblauch, et al, The Organic Decision: Transitioning to Organic Dairy Production, EB2002-02, Cornell University, 2002.

Robinson, Kenneth L., *Farm and Food Policy and Their Consequences,* Prentice Hall, 1989.

Sandrey, Ron and Russell Reynolds (eds.), *Farming without subsidies, New Zealand's recent experience,* MAF, PSP, NZ. 1990.

Sargent, Sarah, *The foodmakers,* Penguin Book Australia, 1985.

Stanton, B.F. and E. Nevill-Rolfe, The Cereals Dilenmma: Surplus in Western Europe and North America, AER 86-13, Cornell University, 1986.

Suganuma, Keisuke and Takashi Toyoda, Foreign investment strategies of Japanese food-proccesing firms, *Japanese*

Journal of Rural Economics 2, 2000, pp. 25-33.

Suwunamek, Opal and Takashi Toyoda, Sustainable development of shrimp culture coexisting with mangroves in Thailand, *Journal of Agricultural Development Studies* 7: 1, 1996.

Suwunamek, Opal and Takashi Toyoda, The role of farmer's cooperatives in maintaining the sustainability of Thailand's shrimp culture industry, *Journal of Co-operative Studies* 17: 2, 1997, pp. 67-87.

Tangermann, Stefan (ed.), *Agriculture in Germany,* Verlargs, 2000.

Toyoda, Takashi, Multinational Corporations and Rural Development in Chile, *Japanese Journal of Farm Management* 32: 4, 1995, pp. 30-38.

Toyoda, Takashi, Dualism in Paraguay's agriculture structure and rural development, *Journal of Agriciltural Development Studies* 5: 2, 1996, pp. 34-44.

Toyoda, T., Impact of Agro-food Products from Developing Countries on the World Market, *Journal of Agricultural Development Studies* 10 (2), 2000, pp. 1-9.

Toyoda, Takashi, Fruit, *Impact of Increased Imports on Japan's Food Market,* Food and Agriculture Policy Research Center, 2000, pp. 65-86.

Vermeend, Willem, et al., "Greening Taxes: The Dutch Model," The Netherland, 1998.

Vernon, R., International Investment and International Trade in the Product Life Cycle, *Quarterly Journal of Economics,* 1966.

Zylbersztajin, Decio and M.S. Jank, Agribusiness in MERCOSUR: Building new institutinal apparatus, *Agribusiness* 14: 4, 1998.

ら行

は行

ま行

や行

な行

た行

さ行

か行

索　引

[著者略歴]

豊田　隆（とよだ・たかし）

1947年生まれ．東京大学農学部卒業．農学博士，農業総合研究所，弘前大学助教授，米国コーネル大学客員研究員，筑波大学教授を経て，現在，東京農工大学大学院農学研究科教授．

主な業績：『果樹農業の展望』（農村統計協会，1990年），『食料輸入大国への警鐘―農産物貿易の実相』（共著，農山漁村文化協会，1993年，NIRA政策研究・東畑記念賞），『アグリビジネスの国際開発―農産物貿易と多国籍企業』（農山漁村文化協会，2001年）ほか．

国際公共政策叢書　第10巻

農業政策

2003年11月15日　第1刷発行

定価（本体2000円＋税）

著　者　豊　田　　隆

発行者　栗　原　哲　也

発行所　株式会社 日本経済評論社

〒101-0051 東京都千代田区神田神保町3-2

電話 03-3230-1661　FAX 03-3265-2993

振替 00130-3-157198

装丁・渡辺美知子　　印刷：文昇堂，製本：美行製本

落丁本・乱丁本はお取替えいたします　　Printed in Japan

ISBN4-8188-1516-0

「国際公共政策叢書」刊行にあたって

9・11以後世界は混迷を増し、日本政治はなお戸惑い続けています。政局はあっても政策はなく、政策はあっても市民の顔が見えない。テクノクラートの官房政策学はあっても、世界とアジアに開かれた市民のそれはいまだ芽吹いていません。グローバル化の進展した世界で日本は、いまだ再生の契機をつかめず、バブル崩壊の瓦礫の中で衰退の途すら辿り続けているように見えます。いったい私たちは、グローバル化の波にどう対応し、日本再生の青写真を描くべきなのか。そしてあるべき公共政策はいかにつくられなくてはならないのか。この一連の問いに答えるため私たちは、個々の専門領域を越えて公共政策のあり方を議論し、それを日本再生の政策構想につなげたいと思います。

私たちの試みは、三つの意味で、新しい知の挑戦をねらいとしています。第一に、市民生活の各政策分野が抱える問題群に関して、あくまでグローバルな比較の視点に立ってとらえる、いわば国際的な視座を貫くこと。第二に、直面する諸問題群について、グローバルであれローカルであれ、持続可能な発展をどう実現し、内なる市民社会の強化につなげていくのか、いわば市民主義的な方途を明らかにしていくこと。第三に、各分野で濃淡の違いはあれ、それを二〇世紀型冷戦世界像の中ではなく、可能な限り脱覇権主義的な二一世紀型アジア共生の世界像の中に位置づけ直す、いわば脱近代の手法に依拠しようとしていることです。そしてそれら三つの視点のいずれをも、歴史の射程の中でとらえ直していきたいと思います。そうした意味を込めこの政策叢書の試みは、シビル・ソサエティとグローバル・ガバナンスをつくりながら、アジア共生の途を模索し、公共性復権への道筋を見出す試みだと約言できましょう。

本叢書は、政策関連学徒のスタンダード・テクストたることを企図し、広く実務家や官僚、NGO、ジャーナリストなどおよそ公共的なるものに関心を持つ市民各層の政策啓蒙書としての役割をも果たします。いま気鋭の第一線研究者とともに、グローバルな市民の目線に立って新しい政策知の地平を切り拓くべく、書肆の支援を得て叢書刊行に踏み切るゆえんです。

二〇〇三年三月

進藤榮一

国際公共政策叢書

[全20巻]

総編集：進藤榮一

❶公共政策への招待	進藤榮一編
②国際公共政策	進藤榮一著
③政治改革政策	住沢博紀著
④環境政策	植田和弘著
⑤エネルギー政策	長谷川公一著
⑥科学技術・情報政策	増田祐司著
❼通商産業政策	萩原伸次郎著
⑧金融政策	上川孝夫著
⑨中小企業政策	黒瀬直宏著
❿農業政策	豊田隆著
⑪労働政策	五十嵐仁著
⑫地域政策	岡田知弘著
⑬都市政策	竹内佐和子著
⑭福祉政策	宮本太郎著
⑮教育政策	苅谷剛彦著
⑯自治体政策	藪野祐三著
⑰外交政策	小林誠著
⑱安全保障政策	山本武彦著
⑲開発援助政策	平川均著
⑳国連・平和協力政策	河辺一郎著

白抜き数字は既刊

四六判上製・各巻平均200頁，本体価格2000円

日本経済評論社